常微分方程式と過渡現象の解析

田中　久四郎　著

「d-book」シリーズ

http：//euclid.d-book.co.jp/

電気書院

目　次

1　微分方程式の意義と種類　　1

2　1階微分方程式の解き方
- 2・1　1階線形常微分方程式の解き方　……………………　5
- 2・2　変数分離形の1階常微分方程式の解き方　……………　9
- 2・3　同次形の1階常微分方程式の解き方　…………………　11
- 2・4　完全微分方程式と連立微分方程式の解き方　…………　14
- 2・5　その他の1階常微分方程式とその解き方　……………　20

3　2階微分方程式の解き方
- 3・1　定係数をもつ2階常微分方程式の解き方　……………　24
- 3・2　非斉次2階線形常微分方程式の解き方　………………　27
- 3・3　n階常微分方程式の解き方　……………………………　37

4　級数展開による微分方程式の解き方　　41

5　逐次近似法による微分方程式の解き方　　44

6　微分方程式の数値解法と図式解法　　46

7　微分方程式の応用例題　　51

8　微分方程式の要点　　71

9　微分方程式の演習問題　　76

1 微分方程式の意義と種類

その経歴はここでは省略するが，微分方程式はニュートン以来のものであり，リーマンやフックスなどによって次第に拡張され，完成されてきたもので，一般の理工学はもとより電気工学上でも有用な利器になっていて，特に回路計算では主として過渡現象の解析に用いられている．

しかし，従来の数学書は学修者に微分方程式の真義を伝えるのに不手際であり必要以上に難解なものとし学修への出足を躊躇させているように見受けられるので，ここでは数学的な厳正さで解説を進めるのでなく，行き方をかえて，その真義を伝えて簡潔にして速やかに実用になるように説明することにしよう．

微分方程式は未知関数の導関数を含む方程式であって，たとえば

$$a\frac{dy}{dx}+bx+cy=0$$

のように一つの独立変数 x からなる未知関数 $y=f(x)$ の導関数 dy/dx を含む方程式を**微分方程式**（Differential equation）といい，これを解いて未知関数 $y=f(x)$ を求める操作を微分方程式を解くという．

この微分方程式を解くということを，われわれがここで取扱う過渡現象の現象面からいうと，微分方程式であらわされる各瞬時に成立する事柄をもとにして，その現象が時間の経過に対しどのような式であらわされるかを求めることになる．たとえば，図 1·1 のように抵抗 R，インダクタンス L が直列にある回路にスイッチ S を投入して直流電圧 E を加えたとき，任意の瞬間 t に回路に流れる電流を i とすると，抵抗での逆電圧は Ri になり，L での逆電圧は $L(di/dt)$ になり，この両者が供給電圧 E と平衡するので，各瞬間において

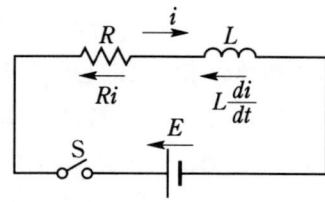

図 1·1　$R-L$ 回路の過渡現象

$$Ri+L\frac{di}{dt}=E \qquad\qquad\qquad \text{(i)}$$

が成立する．これは明らかに未知関数 $i=f(t)$ の導関数 di/dt を含んでいるので微分方程式であって，これをもとにして $i=f(t)$ を求める操作を微分方程式を解くという．すなわち，(i)式を変形して

$$L\frac{di}{dt}=E-Ri, \quad \frac{1}{E-Ri}di=\frac{1}{L}dt$$

この両辺を積分すると

$$\int \frac{1}{E-Ri}di = \int \frac{1}{L}dt$$

$$-\frac{1}{R}\log(E-Ri) = \frac{1}{L}t + k$$

ただし，左辺の積分で $Z = E - Ri$ とおくと，$\dfrac{dZ}{di} = -R$, $di = -\dfrac{1}{R}dZ$ となり

$$\int \frac{1}{Z}\left(-\frac{1}{R}dZ\right) = -\frac{1}{R}\int\frac{1}{Z}dZ = -\frac{1}{R}\log Z = -\frac{1}{R}\log(E-Ri)$$

以上の結果を整理すると，

$$\log(E-Ri) = -\frac{R}{L}t + k_1$$

$$E - Ri = \varepsilon^{-\frac{R}{L}t+k_1} = \varepsilon^{-\frac{R}{L}t} \times \varepsilon^{k_1} = k_2\varepsilon^{-\frac{R}{L}t}$$

$$\therefore \quad i = \frac{E}{R} - k_3\varepsilon^{-\frac{R}{L}t} \tag{ii}$$

ただし，k は積分定数で $k_1 = -Rk$，$k_2 = \varepsilon^{k_1}$，$k_3 = \dfrac{k_2}{R}$ でそれぞれ定数である．

いま，仮にスイッチSを入れたときを $t = 0$ とし，このときの $i = 0$ とおくと

$$0 = \frac{E}{R} - k_3\varepsilon^{-\frac{R}{L}\times 0} = \frac{E}{R} - k_3, \quad k_3 = \frac{E}{R}$$

$$\therefore \quad i = \frac{E}{R}\left(1 - \varepsilon^{-\frac{R}{L}t}\right) \tag{iii}$$

と $i = f(t)$ が (iii) 式で与えられる．

以上から明らかなように電気回路の過渡現象などを微分方程式によって解析するためには

(1) まず，その現象を支配している法則 —— 前例ではオームの法則 —— にもとづいて，これを数学的に表現して微分方程式 —— 上記では (i) 式 —— に導く．

|微分方程式の 一般解|(2) 次に，その微分方程式を数学的に処理（積分）して一般的な帰結に導く．上記では (ii) 式 —— これを**微分方程式の一般解**（General solution）といい，任意の定数（積分定数，上記では k_3） —— を含んでいる．|

|微分方程式の 特殊解 初期条件|(3) 転じて，上記の一般解を現象の事実に即して考えて，ある種の条件 —— 上記では $t = 0$ で $i = 0$ —— のもとに任意定数に物理的な意味を与えて，これを決定し現象をあらわす式 —— 上記では (iii) 式 —— を確定する．これを**微分方程式の特殊解**（Special solution）といい，この任意定数を定める条件を**初期条件**（Initial condition）という．|

次に，微分方程式の幾何学的な意義を考えてみよう．たとえば，上記の (i) 式に対し，図 1・2 の平面上に任意の点 P をとり，これに対応する時間 $0Q = t$ とする

$$\frac{di}{dt} = \tan\theta = \frac{1}{L}(E - Ri) = \frac{1}{L}\{E - R\times(\mathrm{PQ})\}$$

となって，この点での di/dt が定められる．

ところで，この di/dt はこの点を通る曲線の方向，すなわち，この点での曲線の接

線の方向$\tan\theta$を与えている．いま，P点を通りこの方向をもつ無限小の線分dlを考

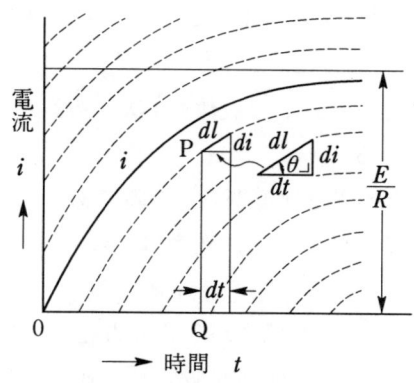

図1・2 $i=F(t)$の曲線

線素　えるとき，これを**線素**（Line element）という．すなわち，微分方程式によって，図の点線で示したように平面上の各点に無数の線素が与えられる．微分方程式を解くということは，これらの線素をつないで連続曲線を作ることであって，その一般的な形は(ii)式で与えられ，このような連続曲線は無数にある．そこで，その曲線はどの点を通らねばならないかの限定条件を与えるのが初期条件で，図では$t=0$で$i=0$の原点0を通るという初期条件で太線のような連続曲線が得られ，これをあらわしたのが(iii)式であった．── なお6の図6・4，6・5，6・6を参照 ──

常微分方程式　さて，この微分方程式で変数が上記のように一つであるものを**常微分方程式**
偏微分方程式　（Ordinary differential equation）といい，変数を二つ以上含む，すなわち偏導関数を含むものを**偏微分方程式**（Partial differential equation）という．また，微分方程式に
階数　含まれる未知関数の導関数の最高次数をその**微分方程式の階数**（Order）と称し，微分方程式が未知関数およびその導関数の多項式であるとき，最高階の導関数につい
次数　ての次数をその**微分方程式の次数**（Degree）と称する．特にすべての未知関数およ
線形微分方程式　びその導関数について1次であるとき，この微分方程式を**線形微分方程式**（Linear
非線形　differential equation）といい，そうでないものを**非線形微分方程式**（Non-linear
微分方程式　differential equation）という．たとえば

例1；　$a\dfrac{dy}{dx}+bx+cy=0$　　　　　1階1次線形常微分方程式

例2；　$a\left(\dfrac{dy}{dx}\right)^2+b\dfrac{dy}{dx}+c=0$　　　1階2次非線形常微分方程式

例3；　$\dfrac{d^2y}{dx^2}+y=x^2+k$　　　　2階1次線形常微分方程式

例4；　$a(x+y)^2\dfrac{dy}{dx}+by=0$　　　1階1次非線形常微分方程式

例5；　$\dfrac{\partial^2V}{\partial x^2}+\dfrac{\partial^2V}{\partial y^2}+\dfrac{\partial^2V}{\partial z^2}=0$　　2階1次線形偏微分方程式

すなわち，例1は最導高の関数次数の項は$a(dy/dx)$で第1次導関数だから1階であり，この(dy/dx)の次数も1次で次数は1次になり，未知関数yも導関数(dy/dx)も1次だから線形で，変数はxのみだから常微分方程式である．

非線形　例2は導関数がいずれも(dy/dx)で第1次導関数だから1階，また導関数の次数は$a(dy/dx)^2$が最も大きいので2次であり，このように導関数が2次になるので**非線形**

例3は導関数はd^2y/dx^2で第2次導関数だから2階であって，その次数は1次である——これが$(d^2y/dx^2)^3$であると3次になる——．未知関数yも導関数(d^2y/dx^2)も1次で線形である．

例4は(dy/dx)で1階であり，その次数も1次であるが，未知関数yについてはy^2の項を含むので非線形になる．

例5は導関数はいずれも第2次導関数で2階であるが，その次数は1次であり未知関数Vも導関数も1次で線形になり，変数は，x, y, zと三つになるので偏微分方程式である．

次に初等関数を含む一般の方程式から微分方程式を作る方法を説明しよう．要はこの方程式をその変数について何回か微分した式と，与えられた方程式を組合わせて，その中に含まれている定数を消去して，その結果得られる式が微分方程式になる．たとえば

$$y = A\sin x + B\cos x$$

から微分方程式を作るには，次のように，この方程式を変数xについて微分し，それとこの方程式を組合わせて定数A, Bを消去すると得られる．

$$\frac{dy}{dx} = A\cos x - B\sin x$$

$$\frac{d^2y}{dx^2} = -A\sin x - B\cos x = -(A\sin x + B\cos x) = -y$$

$$\therefore \quad \frac{d^2y}{dx^2} = -y \quad \text{または} \quad \frac{d^2y}{dx^2} + y = 0$$

これが求める微分方程式である．

一般に，与えられた方程式が $y = f(x, a_1, a_2 \cdots a_n)$ のようにn個の定数を有していると，yをxについてn回微分し得られたn個の式と原方程式，すなわち$(n+1)$個の式から，n個の定数$a_1, a_2 \cdots a_n$を消去すると

$$F\left(x, y, \frac{dy}{dx}, \frac{d^2y}{dx^2} \cdots \frac{d^ny}{dx^n}\right) = 0$$

というように微分方程式が得られる．このことを逆にいうとn階の微分方程式を解くと，その一般解にはn個の定数を含むことになる．たとえば上記の2階微分方程式

$$\frac{d^2y}{dx^2} + y = 0 \quad \text{を解くと} \quad y = A\sin x + B\cos x$$

のように2個の定数A, Bを含むことになる．

2　1階微分方程式の解き方

2・1　1階線形常微分方程式の解き方

1階線形常微分方程式は一般に

$$\frac{dy}{dx}+Py=Q \tag{2・1}$$

で与えられる．ここで，P および Q は共に定数か，または x のみの関数である．この微分方程式を解くには，この両辺に $\varepsilon^{\int Pdx}$ を乗ずると

$$\frac{dy}{dx}\varepsilon^{\int Pdx}+Py\varepsilon^{\int Pdx}=Q\varepsilon^{\int Pdx}$$

しかるに，$\dfrac{d}{dx}\int\left(\varepsilon^{\int Pdx}y\right)=\varepsilon^{\int Pdx}\dfrac{dy}{dx}+y\dfrac{d}{dx}\varepsilon^{\int Pdx}$

$$=\frac{dy}{dx}\varepsilon^{\int Pdx}+y\frac{d\int Pdx}{dx}\cdot\frac{d\varepsilon^{\int Pdx}}{d\int Pdx}=\frac{dy}{dx}\varepsilon^{\int Pdx}+Py\varepsilon^{\int Pdx}$$

ただし，$\dfrac{d\int Pdx}{dx}=u$　とおくと　$\int udx=\int Pdx$　$\therefore u=P$

になるので上式は　$\dfrac{d}{dx}\left(\varepsilon^{\int Pdx}y\right)=Q\varepsilon^{\int Pdx}$

この両辺を x について積分すると

$$\varepsilon^{\int Pdx}y=\int Q\varepsilon^{\int Pdx}dx+k$$

$$\therefore\quad y=\varepsilon^{-\int Pdx}\left\{\int Q\varepsilon^{\int Pdx}dx+k\right\} \tag{2・2}$$

ただし，k は積分定数である．

積分因数　　この場合の $\varepsilon^{\int Pdx}$ のように，与えられた微分方程式の両辺にこれを乗ずることによって，完全な微分の形に導くことのできるものを **積分因数**（Integrating factor）という．

また，(2・1)式の解を $y=uv$ とおき u, v はいずれも x の未知関数とする．この y を x について微分すると

$$\frac{dy}{dx}=u\frac{dv}{dx}+v\frac{du}{dx}$$

になる．これを (2・1) 式に代入すると

$$u\frac{dv}{dx}+v\frac{du}{dx}+Puv=Q \qquad \left(\frac{du}{dx}+Pu\right)v+u\frac{dv}{dx}=Q \tag{i}$$

となる．この二つの未知関数u, vのうちの一つは全く任意に定めてよいので，

$$\frac{du}{dx} + Pu = 0 \tag{ii}$$

とおくと(i)式は

$$u\frac{dv}{dx} = Q \tag{iii}$$

となり，$\frac{d}{dx}(\log u) = \frac{d\log u}{du} \cdot \frac{du}{dx} = \frac{1}{u}\frac{du}{dx}$ になるので(ii)式の $\frac{1}{u}\frac{du}{dx} = -P$ より

$$\frac{d}{dx}(\log u) = -P$$

この両辺を積分すると $\log u = -\int P dx + k_0$ となり

$$u = \varepsilon^{-\int Pdx + k_0} = \varepsilon^{-\int Pdx} \cdot \varepsilon^{k_0} = k_1 \varepsilon^{-\int Pdx}$$

となってuは定まるので，(iii)式より，

$$\frac{dv}{dx} = \frac{Q}{u} = \frac{1}{k_1} Q \varepsilon^{\int Pdx}$$

この両辺を積分して

$$v = \frac{1}{k_1} \int Q \varepsilon^{\int Pdx} dx + k$$

以上によってu, vが定められるのでyは次のようになる．

$$y = uv = k_1 \varepsilon^{-\int Pdx} \times \frac{1}{k_1} \int Q \varepsilon^{\int Pdx} dx + k$$

$$= \varepsilon^{-\int Pdx} \left\{ \int Q \varepsilon^{\int Pdx} dx + k \right\} \tag{2・3}$$

このように前の(2・2)式と同じ(2・1)式に対する一般解が得られる．

この(2・2)式を試みに前項の(i)式

$$Ri + L\frac{di}{dt} = E \quad \text{すなわち} \quad \frac{di}{dt} + \frac{R}{L}i = \frac{E}{L}$$

に適用すると，yはi, xはt, また $P = \frac{R}{L}$, $Q = \frac{E}{L}$ に相当するので

$$i = \varepsilon^{-\int \frac{R}{L}dt} \left\{ \int \frac{E}{L} \varepsilon^{\int \frac{R}{L}dt} dt + k \right\}$$

$$= \varepsilon^{-\frac{R}{L}t} \left\{ \frac{E}{L} \int \varepsilon^{\frac{R}{L}t} dt + k \right\} = \varepsilon^{-\frac{R}{L}t} \left\{ \frac{E}{L} \times \frac{L}{R} \varepsilon^{\frac{R}{L}t} + k \right\}$$

$$= \frac{E}{R} + k \varepsilon^{-\frac{R}{L}t}$$

となり，前項の(ii)式とは定数がちがうが，これに初期条件 $t = 0$ で $i = 0$ を用いると

$$0 = \frac{E}{R} + k \quad \text{より} \quad k = -\frac{E}{R} \quad \therefore \quad i = \frac{E}{R}\left(1 - \varepsilon^{-\frac{R}{L}t}\right)$$

となって前項の(iii)式と一致する．

2·1 1階線形常微分方程式の解き方

ベルヌーイの方程式

なお次の形の微分方程式をベルヌーイ（Bernoulli）の方程式という．

$$\frac{dy}{dx} + Py = Qy^n$$

これを解くために両辺を y^n で除し，$(1-n)$ を乗ずると

$$(1-n)y^{-n}\frac{dy}{dx} + (1-n)Py^{1-n} = (1-n)Q$$

ここで $z = y^{1-n}$ とおくと $\dfrac{dz}{dx} = (1-n)y^{-n}\dfrac{dy}{dx}$

これを前式に代入すると

$$\frac{dz}{dx} + (1-n)Pz = (1-n)Q$$

これは $(2·1)$ 式と同じ形だから，一般解は $(2·2)$ 式より

$$\begin{aligned}z = y^{1-n} &= \varepsilon^{-\int(1-n)Pdx}\left\{\int(1-n)Q\varepsilon^{\int(1-n)Pdx}dx + k\right\}\\ &= (1-n)\varepsilon^{(n-1)\int Pdx}\left\{\int Q\varepsilon^{-(n-1)\int Pdx}dx + k\right\}\end{aligned} \qquad (2·4)$$

のように求められる．

次に二，三の例題について，この方法の適用の実際を演習しよう．

〔例1〕 $\dfrac{dy}{dx} + xy = x$ を解く．

$(2·2)$ 式で $P = x$, $Q = x$ に相当し

$$\begin{aligned}y &= \varepsilon^{-\int xdx}\left(\int x\varepsilon^{\int xdx}dx + k\right)\\ &= \varepsilon^{-\frac{x^2}{2}}\left(\int x\varepsilon^{\frac{x^2}{2}}dx + k\right) = \varepsilon^{-\frac{x^2}{2}}\left(\varepsilon^{\frac{x^2}{2}} + k\right)\\ &= 1 + k\varepsilon^{-\frac{x^2}{2}}\end{aligned}$$

ただし，$\int x\varepsilon^{\frac{x^2}{2}}dx$ は部分積分法でなく置換積分法を用いて $\dfrac{x^2}{2} = z$ とおくと

$$\frac{dz}{dx} = x, \qquad dx = \frac{1}{x}dz$$

となり，次のように求められる．

$$\int x\varepsilon^{\frac{x^2}{2}}dx = \int x\cdot\frac{1}{x}\varepsilon^z dz = \int \varepsilon^z dz = \varepsilon^z = \varepsilon^{\frac{x^2}{2}}$$

〔例2〕 $x\dfrac{dy}{dx} - ay = x + 1$ を解く．

原式の両辺を x で除し

$$\frac{dy}{dx} - \frac{a}{x}y = \frac{x+1}{x}$$

とすると $(2\cdot2)$ 式で $P = -\dfrac{a}{x}$, $Q = \dfrac{x+1}{x}$ になり

$$y = \varepsilon^{-\int -\frac{a}{x}dx}\left(\int \frac{x+1}{x}\varepsilon^{\int -\frac{a}{x}dx}dx + k\right)$$

$$= x^a\left(\int \frac{x+1}{x}\frac{1}{x^a}dx + k\right) = x^a\left(\int \frac{x+1}{x^{a+1}}dx + k\right)$$

$$= x^a\left(\frac{x^{1-a}}{1-a} - \frac{1}{ax^a} + k\right) = \frac{x}{1-a} - \frac{1}{a} + kx^a$$

ただし, $\varepsilon^{\int -\frac{a}{x}dx} = \varepsilon^{-a\log x} = \varepsilon^{-\log x^a} = u$ とおくと

$$\log u = -\log x^a = \log 1 - \log x^a = \log \frac{1}{x^a}$$

$$u = \varepsilon^{\int -\frac{a}{x}dx} = \frac{1}{x^a} \quad \text{同様に} \quad \varepsilon^{-\int -\frac{a}{x}dx} = x^a$$

また $\displaystyle\int \frac{x+1}{x^a+1}dx = \int\left(\frac{1}{x^a} + \frac{1}{x^{a+1}}\right)dx = \int(x^{-a} + x^{-a-1})dx$

$$= \frac{x^{-a+1}}{-a+1} + \frac{x^{-a-1+1}}{-a-1+1} = \frac{x^{1-a}}{1-a} - \frac{1}{ax^a}$$

〔例3〕 図1・1の回路で加えられる電圧が $e = E_m\sin\omega t$ であるときの電流 i を求める.

この場合は $\dfrac{di}{dt} + \dfrac{R}{L}i = \dfrac{E_m}{L}\sin\omega t$ になるので

$$i = \varepsilon^{-\int \frac{R}{L}dt}\left\{\int \frac{E_m}{L}\sin\omega t\, \varepsilon^{\int \frac{R}{L}dt}dt + k\right\}$$

$$= \varepsilon^{-\frac{R}{L}t}\left\{\frac{E_m}{L} \times \frac{\varepsilon^{\frac{R}{L}t}\left(\frac{R}{L}\sin\omega t - \omega\cos\omega t\right)}{\left(\frac{R}{L}\right)^2 + \omega^2} + k\right\}$$

$$= \frac{E_m}{R^2 + \omega^2 L^2}(R\sin\omega t - \omega L\cos\omega t) + k\varepsilon^{-\frac{R}{L}t}$$

ただし, $\displaystyle\int \varepsilon^{ax}\sin Px\,dx = \frac{\varepsilon^{ax}(a\sin Px - P\cos Px)}{a^2 + P^2}$

上式の $R\sin\omega t - \omega L\cos\omega t = X\sin(\omega t - \varphi)$ とおくと

$$R\sin\omega t - \omega L\cos\omega t = X\sin\omega t\cos\varphi - X\cos\omega t\sin\varphi$$

この左右の両辺について考えると, これが成立するためには

$$X\cos\varphi = R, \quad X\sin\varphi = \omega L$$

この両辺を2乗して加えると

$$X^2\cos^2\varphi + X^2\sin^2\varphi = X^2 = R^2 + \omega^2 L^2$$

$$X = \sqrt{R^2 + \omega^2 L^2}$$

また

$$\frac{X\sin\varphi}{X\cos\varphi} = \tan\varphi = \frac{\omega L}{R}, \quad \varphi = \tan^{-1}\frac{\omega L}{R}$$

となるので，上式は

$$i = \frac{E_m}{\sqrt{R^2+\omega^2 L^2}}\sin\left(\omega t - \tan^{-1}\frac{\omega L}{R}\right) + k\varepsilon^{-\frac{R}{L}t}$$

これが，この場合の一般解であって，いま，初期条件として，$t=0$, $i=0$ とすると，$\sin\{-\tan^{-1}(\omega L/R)\}$ は負角であって，その $\tan(-\varphi)$ の値は $(\omega L/R)$ だから

$$\sin\left(-\tan^{-1}\frac{\omega L}{R}\right) = \frac{-\omega L}{\sqrt{R^2+\omega^2 L^2}}, \quad k = -\frac{\omega L E_m}{R^2+\omega^2 L^2}$$

となるので

$$i = \frac{E_m}{\sqrt{R^2+\omega^2 L^2}}\left\{\sin\left(\omega t - \tan^{-1}\frac{\omega L}{R}\right) - \frac{\omega L}{\sqrt{R^2+\omega^2 L^2}}\varepsilon^{-\frac{R}{L}t}\right\}$$

となって，これがこの場合の特殊解になる．

2·2　変数分離形の1階常微分方程式の解き方

　微分方程式が次の形に導かれるなら，明らかに変数が分離（Separation of variable）されることになり

$$f(x)dx \pm \varphi(y)dy = 0 \tag{2·5}$$

この式の各項のそれぞれについて積分して

$$\int f(x)dx \pm \int \varphi(y)dy = k \tag{2·6}$$

なる一般解が得られる．

　たとえば　$\dfrac{1}{y}dx - \dfrac{1}{x}dy = 0$　の一般解は，この両辺に xy を乗じ，

$$xdx - ydy = 0$$

として(2·6)式を用いると

$$\int xdx - \int ydy = \frac{x^2}{2} - \frac{y^2}{2} = k, \quad x^2 - y^2 = 2k$$

というように求められる．

　　　また　$\dfrac{dy}{dx} = f(x)\cdot\varphi(y)$ 　　　　　　　　　　　　　　(2·7)

変数分離形　も変数分離形である．すなわち，上式は

$$\frac{dy}{\varphi(y)} = f(x)dx \quad \text{となり}$$

2　1階微分方程式の解き方

$$\int \frac{1}{\varphi(y)}dy = \int f(x)dx + k \tag{2・8}$$

なる一般解が得られる．

たとえば　$\dfrac{dy}{dx} = \dfrac{(x+1)y}{x}$　の一般解は，原式を書き直すと

$$\frac{1}{y}dy = \left(1+\frac{1}{x}\right)dx$$

となり，この両辺の積分すると

$$\log y = x + \log x + k$$

$$\log \frac{y}{x} = x+k, \quad \frac{y}{x} = \varepsilon^{x+k} = k_1 \varepsilon^x, \quad y = k_1 x \varepsilon^x$$

となる．

次に二，三の例題について，さらに演習しよう．

〔例1〕　$xydx + (1+x^2)dy = 0$　の一般解を求める．

原式の両辺に　$\dfrac{1}{y(1+x^2)}$　を乗ずると

$$\frac{x}{1+x^2}dx + \frac{1}{y}dy = 0$$

となり (2・5) 式の形になるので，これに (2・6) 式を用いると

$$\int \frac{x}{1+x^2}dx + \int \frac{1}{y}dy = k$$

$$\log(1+x^2)^{\frac{1}{2}} + \log y = k \quad \log y\sqrt{1+x^2} = k$$

$$\therefore \quad y\sqrt{1+x^2} = \varepsilon^k = k_1$$

ただし，$\int \dfrac{x}{1+x^2}dx$ は $1+x^2 = z$ とおくと $\dfrac{dz}{dx} = 2x$ となり $dx = \dfrac{1}{2x}dz$

これを代入して

$$\int \frac{x}{1+x^2}dx = \int \frac{x}{z}\cdot\frac{1}{2x}dz = \frac{1}{2}\int \frac{1}{z}dz = \frac{1}{2}\log z$$

$$= \log z^{\frac{1}{2}} = \log \sqrt{z} = \log \sqrt{1+x^2}$$

〔例2〕　$y - x\dfrac{dy}{dx} = a\left(y + \dfrac{dy}{dx}\right)$　の一般解を求める．

原式を整理すると $\dfrac{dy}{dx} = \dfrac{y(1-a)}{a+x}$ になり，(2・7) 式の形になるので (2・8) 式を用いると

$$\int \frac{1}{y(1-a)} dy = \int \frac{1}{a+x} dx + k$$

$$\frac{1}{1-a}\log y = \log(a+x)+k \quad \log y^{\frac{1}{1-a}} = \log(a+x)+\log k_1$$

$$y^{\frac{1}{1-a}} = k_1(a+x) \quad \therefore \quad y = k_2(a+x)^{1-a}$$

〔例3〕 $\dfrac{dy}{dx} = -\dfrac{x(1+y^2)}{y(1-x^2)}$ の一般解を求める．

$(2\cdot 8)$ 式を適用しやすいように原式を書き直すと

$$\frac{y}{(1+y^2)} dy = \frac{-x}{(1-x^2)} dx = \frac{1}{2(1+x)} dx - \frac{1}{2(1-x)} dx$$

この両辺を積分すると

$$\int \frac{y}{1+y^2} dy = \frac{1}{2}\int \frac{1}{1+x} dx - \frac{1}{2}\int \frac{1}{1-x} dx + k$$

$$\frac{1}{2}\log(1+y^2) = \frac{1}{2}\log(1+x) + \frac{1}{2}\log(1-x) + \frac{1}{2}\log k_1$$

$$\log(1+y^2) = \log k_1(1+x)(1-x) = \log k_1(1-x^2)$$

$$1+y^2 = k_1(1-x^2) \quad \therefore \quad y = \sqrt{k_1(1-x^2)-1}$$

2・3　同次形の1階常微分方程式の解き方

微分方程式を

$$\frac{dy}{dx} = f\left(\frac{y}{x}\right) \tag{2・9}$$

同次微分方程式　の形に書変えられるとき，これを**同次微分方程式**（Homogeneous differential equation）といい，これを解くには $z = \dfrac{y}{x}$, すなわち $y = xz$ とおく．

この両辺を x について微分すると

$$\frac{dy}{dx} = z + x\frac{dz}{dx} \tag{i}$$

これを $(2\cdot 9)$ 式に代入すると

$$z + x\frac{dz}{dx} = f(z)$$

これを変数分離形にすると

$$\frac{dz}{f(z)-z} = \frac{dx}{x} \tag{ii}$$

この両辺を積分すると

$$\log x = \int \frac{1}{f(z)-z} dz + k \tag{2·10}$$

あるいはまた，微分方程式が

$$f(x, y)\frac{dy}{dx} = F(x, y) \tag{2·11}$$

の形に導かれ，この$f(x, y)$と$F(x, y)$がx, yについて同じ次数の同次式であると前と同様に，$z = \frac{y}{x}$ を新しい未知関数として一般解が求められる．

すなわち，前記の(i)の形を($2·11$)式に代入すると

$$f(z)\left(z + x\frac{dz}{dx}\right) = F(z), \quad \frac{dx}{x} = \frac{f(z)dz}{F(z) - zf(z)}$$

この両辺を積分すると

$$\therefore \quad \log x = \int \frac{f(z)}{F(z) - zf(z)} dz + k \tag{2·12}$$

として求められ，この結果に $z = \frac{y}{x}$ を代入すると求める一般解が得られる．

また

$$\frac{dy}{dx} = \frac{ax+by+c}{a'x+b'y+c'} \tag{2·13}$$

の形になる場合は，これを次のようにして同次形に導くことができる．

この場合，$x = x' + h$, $y = y' + k$ とおき h, k を定数とすると，前式の両辺を x について微分し，後式の両辺を y について微分すると

$$1 = \frac{dx'}{dx}, \quad 1 = \frac{dy'}{dy}, \quad \frac{dx'}{dx} = \frac{dy'}{dy}, \quad \frac{dy}{dx} = \frac{dy'}{dx'}$$

になるので，これらを($2·13$)式に代入すると

$$\frac{dy'}{dx'} = \frac{ax'+by'+ah+bk+c}{a'x'+b'y'+a'h+b'k+c'}$$

となる．そこで次の連立方程式

$$\left.\begin{array}{l} ah+bk+c = 0 \\ a'h+b'k+c' = 0 \end{array}\right\}$$

を満足させるように h, k の値を定めると，前式は

$$\frac{dy'}{dx'} = \frac{ax'+by'}{a'x'+b'y'} = \frac{a + b\left(\frac{y'}{x'}\right)}{a' + b'\left(\frac{y'}{x'}\right)}$$

となって，($2·9$)式の同次形になるので，その一般解は($2·10$)式によって与えられる．

次に例題について上記を演習してみよう．

〔例1〕 $2xy\frac{dy}{dx} - (x^2+y^2) = 0$ の一般解を求める．

原式を($2·9$)式の形に導いて，($2·10$)式を適用する．

2·3 同次形の1階常微分方程式の解き方

$$\frac{dy}{dx} = \frac{x^2+y^2}{2xy} = \frac{1+\left(\frac{y}{x}\right)^2}{2\left(\frac{y}{x}\right)} = \frac{1+z^2}{2z}$$

一方, $y = xz$ より $\dfrac{dy}{dx} = z + x\dfrac{dz}{dx}$ となり,

$$z + x\frac{dz}{dx} = \frac{1+z^2}{2z}, \quad x\frac{dz}{dx} = \frac{1+z^2}{2z} - z = \frac{1-z^2}{2z}$$

$$\frac{1}{x}dx = \frac{2z}{1-z^2}dz, \quad \int \frac{1}{x}dx = \int \frac{2z}{1-z^2}dz + k$$

$$\log x = -\log(1-z^2) + \log k_1 = \log \frac{k_1}{1-z^2}$$

$$x = \frac{k_1}{1-z^2} = \frac{k_1}{1-\left(\frac{y}{x}\right)^2} = \frac{k_1 x^2}{x^2 - y^2}$$

$$x^2 - y^2 = k_1 x \tag{i}$$

$$y = \sqrt{x^2 + k_1 x} \tag{ii}$$

注： 解は必ずしも(ii)式の形であらわされなくとも, xとyの関係をあらわす(i)式の形のままでもよい.

〔例2〕 $x\,dx + y\,dy = 2y\,dx$ の一般解を求める.

原式を書き直して $y\dfrac{dy}{dx} = 2y - x$ とし $z = \dfrac{y}{x}$ とすると $y = xz$ になり,

$$\frac{dy}{dx} = z + x\frac{dz}{dx}$$

になるので, これを上式に代入すると

$$xz\left(z + x\frac{dz}{dx}\right) = 2xz - x, \quad z\left(z + x\frac{dz}{dx}\right) = 2z - 1$$

$$z^2 + zx\frac{dz}{dx} = 2z - 1, \quad zx\frac{dz}{dx} + (1-z)^2 = 0$$

$$\frac{dx}{x} + \frac{z\,dz}{(1-z)^2} = 0$$

積分すると $\log x + \displaystyle\int \frac{z}{(1-z)^2}dz = k$

ここで $1 - z = u$ とおくと $du/dz = -1, \ dz = -du$ となり

$$\log x - \int \frac{(1-u)}{u^2}du = k, \quad \log x - \int \frac{1}{u^2}du + \int \frac{1}{u}du = k$$

$$\log x + \frac{1}{u} + \log u = k, \quad \log x + \frac{1}{1-z} + \log(1-z) = k$$

$$\log x + \frac{x}{x-y} + \log\left(\frac{x-y}{x}\right) = k$$

$$\therefore \log(x-y) + \frac{x}{x-y} = k$$

〔例3〕 $(2x+3y+7)dx - (3x-2y+4)dy = 0$ の一般解を求める．

原式を書き直すと $\dfrac{dy}{dx} = \dfrac{2x+3y+7}{3x-2y+4}$

となるので，$x = x' + h,\ y = y' + k$ とおくと

$$\frac{dy'}{dx'} = \frac{2x'+3y'+2h+3k+7}{3x'-2y'+3h-2k+4}$$

ここで $\begin{matrix} 2h+3k+7 = 0 \\ 3h-2k+4 = 0 \end{matrix} \Big\}$

とすると $h = -2,\ k = -1$ になるので，$x' = x - h = x + 2,\ y' = y - k = y + 1$ とおくと，上式は

$$\frac{dy'}{dx'} = \frac{2x'+3y'}{3x'-2y'} = \frac{2+3z}{3-2z} \quad \text{ただし，} z = \frac{y'}{x'}$$

$$z + x'\frac{dz}{dx'} = \frac{2+3z}{3-2z} \quad x'\frac{dz}{dx'} = \frac{2+3z}{3-2z} - z = \frac{2(1+z^2)}{3-2z}$$

$$\frac{dx'}{x'} = \frac{3-2z}{2(1+z^2)}dz = \frac{3}{2}\cdot\frac{1}{1+z^2}dz - \frac{z}{1+z^2}dz$$

この両辺を積分すると

$$\log x' = \frac{3}{2}\tan^{-1}z - \frac{1}{2}\log(1+z^2) + k$$

ただし，$\displaystyle\int\frac{1}{1+x^2}dx = \tan^{-1}x,\ \int\frac{x}{1+x^2}dx = \frac{1}{2}\log(1+x^2)$

$$\therefore\ \log(x+2) = \frac{3}{2}\tan^{-1}\frac{y+1}{x+2} - \frac{1}{2}\log\left\{1+\left(\frac{y+1}{x+2}\right)^2\right\} + k$$

2・4 完全微分方程式と連立微分方程式の解き方

いままでの微分方程式は，たとえば $x,\ y$ に関する関数 $F(x,\ y,\ k) = 0$ と，これを微分した $F'(x,\ y,\ k) = 0$ から定数 k を消去するというようにして微分方程式を作ったが，この関数を $F(x,\ y) = k$ の形とし，これを単に微分して全微分の形であらわした微分方程式を**完全微分方程式**（Exact differential equation）という．

完全微分方程式

いま，$F(x,\ y) = k$ の $x,\ y$ がそれぞれ $\Delta x,\ \Delta y$ だけ増しても右辺の k には変わりがないので

2・4 完全微分方程式と連立微分方程式の解き方

$$F(x+\Delta x, y+\Delta y) - F(x, y) = k - k = 0$$

この関係はまた次のようにも書ける．

$$\frac{F(x+\Delta x, y+\Delta y) - F(x, y+\Delta y)}{\Delta x}\Delta x + \frac{F(x, y+\Delta y) - F(x, y)}{\Delta y}\Delta y = 0$$

全微分 | この極限を考えると，偏微分のところで説明したように次のような全微分の形になる．

$$\frac{\partial F(x, y)}{\partial x}dx + \frac{\partial F(x, y)}{\partial y}dy = 0 \tag{2・14}$$

これは，$Pdx + Qdy = 0$ または $P + Q\dfrac{dy}{dx} = 0$ \tag{2・15}

ただし，$P = \dfrac{\partial F(x, y)}{\partial x}, \quad Q = \dfrac{\partial F(x, y)}{\partial y}$

と書ける．ところで

$$\frac{\partial P}{\partial y} = \frac{\partial F(x, y)}{\partial y \partial x} = \frac{\partial F(x, y)}{\partial x \partial y} = \frac{\partial Q}{\partial x} \tag{2・16}$$

なる関係が成立する．したがって微分方程式が (2・15) 式の形で与えられたとき，(2・16) 式が成立すると，これは完全微分方程式である．

たとえば，$F(x, y) = k$ をかりに $x^2 + 2xy - y^2 = 5$ とすると，これを x について微分すると

$$2x + 2\left(y + x\frac{dy}{dx}\right) - 2y\frac{dy}{dx} = 0$$

となり

$$(2x + 2y)dx + (2x - 2y)dy = 0 \qquad\qquad\qquad (\text{i})$$

が得られる．この (i) 式は明らかに $F(x, y) = k$ の全微分の式 (2・14) をあらわしていて，上記のように

$$\frac{\partial}{\partial x}(x^2 + 2xy - y^2) = 2x + 2y = P$$

$$\frac{\partial}{\partial y}(x^2 + 2xy - y^2) = 2x - 2y = Q$$

となり $\dfrac{\partial P}{\partial y} = 2, \quad \dfrac{\partial Q}{\partial x} = 2, \quad \dfrac{\partial P}{\partial y} = \dfrac{\partial Q}{\partial x}$ になる．

さて，(2・15) 式の形の微分方程式を解く —— $F(x, y) = k$ を求める —— には，上述したように $\partial F(x, y)/\partial y = P$ だから，P を x について積分すると $F(x, y)$ になる．ただし，このときには y は定数とみて積分するので，このときの積分定数には y を含んでいると考えねばならない．すなわち，

$$F(x, y) = \int P dx + \varphi(y) = k \tag{2・17}$$

この $\varphi(y)$ を求めるには $\partial F(x, y)/\partial y = Q$ を用いる．
すなわち

—15—

2　1階微分方程式の解き方

$$\frac{\partial F(x,y)}{\partial y} = \frac{\partial}{\partial y}\int P\,dx + \varphi'(y) = Q$$

$$\varphi(y) = \int \varphi'(y)\,dy = \int\left(Q - \frac{\partial}{\partial y}\int P\,dx\right)dy \tag{2·18}$$

たとえば，前に（ｉ）式で示した完全微分方程式を解くには，

$$P = 2x + 2y$$

で（2·17）式より

$$F(x,y) = \int(2x+2y)\,dx + \varphi(y) = x^2 + 2xy + \varphi(y)$$

また，（ｉ）式より　$Q = 2x - 2y$　であって　$\dfrac{\partial F(x,y)}{\partial y} = Q$　より

$$\frac{\partial}{\partial y}\{x^2 + 2xy + \varphi(y)\} = 2x - 2y$$

$$2x + \varphi'(y) = 2x - 2y$$

$$\varphi'(y) = -2y$$

$$\varphi(y) = \int \varphi'(y)\,dy = -\int 2y\,dy = -y^2$$

となるので，（ｉ）式の一般解は次の（ⅱ）式のようになる．

$$x^2 + 2xy - y^2 = k \tag{ⅱ}$$

積分因数　次に，一般の微分方程式を積分因数 —— 2·1 で説明したが，これがもっとも多く用いられるのはこの場合である —— を用いて完全微分方程式に導いて解く要領を補説しておこう．たとえば

$$y\cos x + 3\sin x \frac{dy}{dx} = 0 \tag{ｉ}$$

は，これを（2·15）式と比較すると　$P = y\cos x,\ Q = 3\sin x$　に相当し

$$\frac{\partial P}{\partial y} = \cos x, \quad \frac{\partial Q}{\partial x} = 3\cos x, \quad \frac{\partial P}{\partial y} \neq \frac{\partial Q}{\partial x}$$

になるので，このままでは完全微分方程式にならないが，（ｉ）式の両辺に y^2 を乗ずると，$P = y^3\cos x,\ Q = 3y^2\sin x$　となって，

$$\frac{\partial P}{\partial y} = 3y^2\cos x, \quad \frac{\partial Q}{\partial x} = 3y^2\cos x, \quad \frac{\partial P}{\partial y} = \frac{\partial Q}{\partial x}$$

完全微分方程式　となるので完全微分方程式になり，その一般解は

$$F(x,y) = \int P\,dx + \varphi(y) = \int y^3\cos x\,dx + \varphi(y) = y^3\sin x + \varphi(y) = k$$

また，$\dfrac{\partial F(x,y)}{\partial y} = 3y^2\sin x + \varphi'(y) = Q = 3y^2\sin x$

したがって　$\varphi'(y) = 0$　になり，$\varphi(y) = 0$　になるので，（ｉ）式の一般解は次のようになる．

$$y^3\sin x = k \tag{ⅱ}$$

これを一般的にいうと，一般の微分方程式が

2·4 完全微分方程式と連立微分方程式の解き方

$$f\left(x,\ y,\ \frac{dy}{dx}\right)=0$$

で与えられたとき，まず，これを次の形に導く．

$$P+Q\frac{dy}{dx}=0$$

ただし，$P,\ Q$は$x,\ y$の関数である．

この両辺に，同じく$x,\ y$の適当な関数であるRを乗じて

$$RP+RQ\frac{dy}{dx}=0$$

に導いたとき $\dfrac{\partial RP}{\partial y}=\dfrac{\partial RQ}{\partial x}$ となるようにRを選定すると，上記の微分方程式は

完全微分方程式 完全微分方程式になる．このようなRを選ぶには，視察によって容易に求められることもあるが，たとえば

(1) $R=x^m y^n$として上記の条件に適合するように$m,\ n$を定める．

(2) $Pdx+Qdy\neq 0$ で$x,\ y$の同次式になるときは

$$R=\frac{1}{Px+Qy}\quad \text{とする．}$$

(3) $Pdx-Qdy\neq 0$ で，かつ方程式が

$$f(x,\ y)y\,dx+g(x,\ y)x\,dy=0$$

の形であるときは

$$R=\frac{1}{Px-Qy}\quad \text{とする．}$$

などによってRを選ぶこともできる．

なお，微分方程式が二つあるとき一般にこれから二つの未知関数を求めることができるので，$y=f(x)$，$z=g(x)$ のような解を得ることができる．このときの二つの方程式は一つずつでは完全微分方程式でなく，これを単独に積分できないのが通例

連立微分方程式 であって，この場合を**連立微分方程式**（Simaltaneous differential equation）という．

連立微分方程式はすべて1階とみてよい．たとえば

$$\frac{d^2 y}{dx^2}+\frac{dz}{dx}+y+z=0$$

$$\frac{dy}{dx}-\frac{dz}{dx}-y+z^2=0$$

に対して $\dfrac{dy}{dx}=P$，すなわち $P-\dfrac{dy}{dx}=0$ とおくと，上式は

$$\frac{dP}{dx}+\frac{dz}{dx}+y+z=0,\quad \frac{dy}{dx}-\frac{dz}{dx}-y+z^2=0$$

となって1階になる．

次に，例題について上述したことがらを演習しよう．

〔例1〕 $(a^2-2xy-y^2)dx-(x+y)^2 dy=0$ の一般解を求める．

(2·15)式と比較すると $P=a^2-2xy-y^2,\ Q=-x^2-2xy-y^2$ となり

$-17-$

完全微分方程式

$$\frac{\partial P}{\partial y}=-2x-2y,\quad \frac{\partial Q}{\partial y}=-2x-2y,\quad \frac{\partial P}{\partial y}=\frac{\partial Q}{\partial x}$$

となるので，この微分方程式は完全微分方程式であるから，(2·17)式より

$$F(x,y)=\int(a^2-2xy-y^2)dx+\varphi(y)=k$$
$$=a^2x-x^2y-xy^2+\varphi(y)=k$$

また，$\dfrac{\partial F(x,y)}{\partial y}=-x^2-2xy+\varphi'(y)=Q=-x^2-2xy-y^2$

$$\varphi'(y)=-y^2,\quad \varphi(y)=\int\varphi'(y)dy=-\int y^2 dy=-\frac{y^3}{3}$$

ゆえに求める一般解は

$$a^2x-x^2y-xy^2-\frac{y^3}{3}=k$$

〔例2〕 $4x^7-y^3+xy^2\dfrac{dy}{dx}=0$ の一般解を求める．

(2·15)式と比較すると $P=4x^7-y^3,\ Q=xy^2$ となり

$\dfrac{\partial P}{\partial y}=-3y^2,\quad \dfrac{\partial Q}{\partial x}=y^2$ で $\dfrac{\partial P}{\partial y}\neq\dfrac{\partial Q}{\partial x}$ となり，完全微分方程式にならない．

そこで $R=x^m y^n$ を原式の両辺に乗ずると，
$$P=4x^{m+7}y^n-x^m y^{n+3},\quad Q=x^{m+1}y^{n+2}$$

となり，$\dfrac{\partial P}{\partial y}=\dfrac{\partial Q}{\partial x}$ とおくと

$$4nx^{m+7}y^{n-1}-(n+3)x^m y^{n+2}=(m+1)x^m y^{n+2}$$

この等式が成立するためには $n=0,\ -n-3=m+1,\ m=-n-3-1=0-3-1=-4$ となるので，原微分方程式を完全微分方程式とするには，原式の両辺に x^{-4} を乗ずることになり，

$$P=4x^3-x^{-4}y^3,\ Q=x^{-3}y^2$$

$$\frac{\partial P}{\partial y}=\frac{\partial Q}{\partial x}=-3x^{-4}y^2$$

$$F(x,y)=\int(4x^3-x^{-4}y^3)dx+\varphi(y)=k$$
$$=x^4+\frac{x^{-3}}{3}y^3+\varphi(y)=k$$

また，$\dfrac{\partial F(x,y)}{\partial y}=x^{-3}y^2+\varphi'(y)=x^{-3}y^2$

したがって，$\varphi'(y)=0,\ \varphi(y)=0$ となるので

一般解は，$x^4+\dfrac{x^{-3}}{3}y^3=k$ または $3x^7+y^3=3kx^3$ となる．

2·4 完全微分方程式と連立微分方程式の解き方

〔例3〕 $(2x^2y+1)y\,dx+(x^2y-3)x\,dy=0$ の一般解を求める．

(2·15)式と比較すると $P=2x^2y^2+y,\ Q=x^3y-3x$ となり

$$\frac{\partial P}{\partial y}=4x^2y+1,\quad \frac{\partial Q}{\partial x}=3x^2y-3,\quad \frac{\partial P}{\partial y}\neq\frac{\partial Q}{\partial x}$$

これを完全微分方程式に導くために，原式の両辺に $x^m y^n$ を乗ずると，

$$P=2x^{m+2}y^{n+2}+x^m y^{n+1},\quad Q=x^{m+3}y^{n+1}-3x^{m+1}y^n$$

となり，$\dfrac{\partial P}{\partial y}=\dfrac{\partial Q}{\partial x}$ が成立するためには

$$2(n+2)x^{m+2}y^{n+1}+(n+1)x^m y^n=(m+3)x^{m+2}y^{n+1}-3(m+1)x^m y^n$$

したがって

$$2(n+2)=m+3,\quad (n+1)=-3(m+1)$$

これを解くと $m=n=-1$，したがって原式の両辺に $x^{-1}y^{-1}=1/xy$ を乗ずることになり，

$$P=2xy+\frac{1}{x},\quad Q=x^2-3\frac{1}{y}$$

となり，

$$\frac{\partial P}{\partial y}=2x,\quad \frac{\partial Q}{\partial x}=2x,\quad \frac{\partial P}{\partial y}=\frac{\partial Q}{\partial x}$$

となって完全微分方程式になるので，その一般解は (2·17) 式より

$$F(x,y)=\int\left(2xy+\frac{1}{x}\right)dx+\varphi(y)=k$$

$$=x^2y+\log x+\varphi(y)=k$$

$$\frac{\partial F(x,y)}{\partial y}=x^2+\varphi'(y)=Q=x^2-3\frac{1}{y}$$

$$\varphi'(y)=-3\frac{1}{y},\quad \varphi(y)=-3\int\frac{1}{y}dy=-3\log y$$

ゆえに一般解は $x^2y+\log x-3\log y=k$

注： このように解が得られたとき，これが正しいかどうかを，一般解を微分して原微分方程式と一致するか否かによって確かめる．この場合，一般解を微分すると

$$2xy+x^2\frac{dy}{dx}+\frac{1}{x}-3\frac{1}{y}\frac{dy}{dx}=0$$

この両辺に $xy\,dx$ を乗じて整理すると

$$(2x^2y+1)y\,dx+(x^2y-3)x\,dy=0$$

となって原微分方程式と一致する．

〔例4〕　$\dfrac{dy}{dx}=x+y+2z$ 　　　　　　　　　　　　　　(i)

　　　　$\dfrac{dz}{dx}=x+2y+z$ 　　　　　　　　　　　　　　(ii)

の一般解を求める．

-19-

(i)を微分すると

$$\frac{d^2y}{dx^2} = 1 + \frac{dy}{dx} + 2\frac{dz}{dx} \tag{iii}$$

(i)(ii)(iii)式から $z, \dfrac{dz}{dx}$ を消去すると

$$\frac{d^2y}{dx^2} = 1 + \frac{dy}{dx} + 2\left\{x + 2y + \frac{1}{2}\left(\frac{dy}{dx} - x - y\right)\right\}$$

$$\frac{d^2y}{dx^2} - 2\frac{dy}{dx} - 3y = x + 1$$

これを解くと

$$y = k_1 \varepsilon^{-x} + k_2 \varepsilon^{3x} - \frac{x}{3} + \frac{1}{9} \tag{iv}$$

これより

$$\frac{dy}{dx} = -k_1 \varepsilon^{-x} + 3k_2 \varepsilon^{3x} - \frac{1}{3}$$

これらを(i)式に代入すると

$$z = -k_1 \varepsilon^{-x} + k_2 \varepsilon^{3x} - \frac{x}{3} - \frac{1}{9} \tag{v}$$

この(iv)(v)式が求める一般解である.

2·5　その他の1階常微分方程式とその解き方

　以上で1階常微分方程式のあらましをつくしたので，次で2階常微分方程式について説明しようと思うが，なお，二三の特異な1階常微分方程式を紹介してみよう．
　まず，最初に $dy/dx = p$ としたとき

$$y = px + f(p) \qquad \text{ただし } f(p) \text{は } p = \frac{dy}{dx} \text{ の任意の関数} \tag{2·19}$$

クレーロの方程式

なる常微分方程式を**クレーロ（Clairaut）の方程式**という．これを解くために，(2·19)の両辺をxについて微分すると

$$\frac{dy}{dx} = p = p + x\frac{dp}{dx} + f'(p)\frac{dp}{dx}$$

したがって

$$\frac{dp}{dx}\{x + f'(p)\} = 0$$

$$\therefore \quad \frac{dp}{dx} = 0 \quad \text{(i)} \qquad \text{または} \quad x + f'(p) = 0 \quad \text{(ii)}$$

この(i)式は微分した結果が0になるのだからpは定数であって $p = k$ をあらわしている．これを(2·19)式に代入すると

$$y = kx + f(k) \tag{2·20}$$

2・5 その他の1階常微分方程式とその解き方

となって，これがクレーロの方程式の一般解であって，解は積分する必要がなく，方程式の中にある p の代わりに積分定数 k を代置すると得られる．

また，(ii)式より $x = -f'(p)$ を得て，これを(2・19)式に代入すると

$$x = -f'(p) \quad \text{および} \quad y = -pf'(p) + f(p) \tag{2・21}$$

特異解 | なる x と y の関係式が得られる．これもクレーロの方程式の一つの解になる．この解のように積分定数を含まない特別な解を**特異解**（Singular solution）といっている．

また，クレーロの方程式の場合と同様に $p = \dfrac{dy}{dx}$ としたとき，

$$y = xf(p) + g(p) \tag{2・22}$$

ただし，$f(p)$, $g(p)$ はそれぞれ $p = \dfrac{dy}{dx}$ の任意の関数

ラグランジュの方程式 | なる微分方程式を**ラグランジュ（Lagrange）の方程式**という．これを解くためにこの式の両辺を x について微分すると，

$$\frac{dy}{dx} = p = f(p) + xf'(p)\frac{dp}{dx} + g'(p)\frac{dp}{dx}$$

$$p - f(p) = \{xf'(p) + g'(p)\}\frac{dp}{dx}$$

この両辺を $\{p - f(x)\}\dfrac{dp}{dx}$ で除すると

$$\frac{dx}{dp} = \frac{f'(p)}{p - f(p)}x + \frac{g'(p)}{p - f(p)}$$

これを書き直すと $\dfrac{dx}{dp} + Rx = Q$ の形になる．

ただし，$R = -\dfrac{f'(p)}{p - f(p)}, \quad Q = \dfrac{g'(p)}{p - f(p)}$

2・1と同様に考えて $\int R\,dp = F$ とおくと，$R = \dfrac{dF}{dp}$ であって，上式の両辺に ε^F を乗ずると

$$\varepsilon^F \frac{dx}{dp} + \varepsilon^F Rx = Q\varepsilon^F, \quad \frac{d}{dp}(\varepsilon^F \cdot x) = Q\varepsilon^F$$

$$\therefore \quad \frac{d}{dp}(\varepsilon^F \cdot x) = \varepsilon^F \frac{dx}{dp} + x\frac{d\varepsilon^F}{dF}\cdot\frac{dF}{dp} = \varepsilon^F \frac{dx}{dp} + x\varepsilon^F R$$

$$\therefore \quad \varepsilon^F \cdot x = \int Q\varepsilon^F dp + k, \quad x = \varepsilon^{-F}\int Q\varepsilon^F dp + k\varepsilon^F \tag{2・23}$$

この式と(2・22)式によって p を消去すると，この場合の一般解が得られる．

なお，P, Q, R のすべてが x のみの関数であるとき

$$\frac{dy}{dx} = Py^2 + Qy + R \tag{2・24}$$

リチカの方程式 | なる微分方程式を**リチカ（Riticca）の方程式**といい，この場合，y の一つの解 $y = y_1$ がわかっていると，これによって一般解が求められる．

いま $y = u + y_1$ とおいて微分すると

$$\frac{dy}{dx} = \frac{du}{dx} + \frac{dy_1}{dx}$$

となり，この二つを原方程式に代入すると

$$\frac{du}{dx} + \frac{dy_1}{dx} = P(u+y_1)^2 + Q(u+y_1) + R$$
$$= Pu^2 + (2y_1 P + Q)u + (Py_1^2 + Qy_1 + R)$$

ところで，y_1 は一つの解であるから原方程式を満足させ

$$\frac{dy_1}{dx} = Py_1^2 + Qy_1 + R$$

これを上式に代入すると

$$\frac{du}{dx} = Pu^2 + (2y_1 P + Q)u$$

これは明らかに (2・3) 式に示したベルヌーイの方程式であって，u が y に相当し，$n = 2$ の場合で，その一般解は (2・4) 式によって求めることができる．

以上，リチカの方程式はベルヌーイの方程式に帰し，ラグランジュの方程式も1階線形微分方程式に導かれるので，ここでは積分する必要のないクレーローの方程式について演習しよう．

〔例1〕 $y = xy' + y'^2$ ただし $y' = \dfrac{dy}{dx}$ の一般解を求める．

$y' = p$ として上式を書直すと，$y = px + p^2$ になって，$p^2 = f(p)$ に相当し (2・19) 式のクレーローの方程式になるので，その一般解は p を積分定数 k でおきかえた

$$y = kx + k^2$$

によって得られる．また，(2・21) 式を用いると

$$x = -f'(p) = -\frac{dp^2}{dp} = -2p = -2\left(\frac{dy}{dx}\right)$$

$$y = -pf'(p) + f(p) = -p\frac{dp^2}{dp} + p^2 = -p^2 = -\left(\frac{dy}{dx}\right)^2$$

後式の右辺に前式の右辺を用いると

$$y = \left(-\frac{x}{2}\right)^2 = \frac{x^2}{4}$$

これがこの場合の特異解である．

〔例2〕 $y = 2xy' - 4xy'^2$ の一般解を求める．

この式はこのままでは (2・19) 式のクレーローの方程式にならないので，$\sqrt{x} = u$ とおくと，$x = u^2$，この両辺を x について微分すると

$$1 = 2u\frac{du}{dx}, \quad dx = 2u\,du$$

となり原方程式は

2·5 その他の1階常微分方程式の解き方

$$y = 2u^2\frac{dy}{dx} - 4u^2\left(\frac{dy}{dx}\right)^2 = 2u^2\left(\frac{dy}{2udu}\right) + 4u^2\left(\frac{dy}{2udu}\right)^2$$

$$= u\frac{dy}{du} + \left(\frac{dy}{du}\right)^2$$

となって，(2·19) 式のクレーロの方程式が成立するので，その一般解は $p = \dfrac{dy}{du}$ を積分定数 k でおきかえたものになり

$$y = ku + k^2 = k\sqrt{x} + k^2$$

この場合の特異解を前と同様にして求めると，$y = \dfrac{u^2}{4} = \dfrac{x}{4}$ または $x = 4y$ によって与えられる．

〔例3〕 $y = -xy' + x^4 y'^2$ の一般解を求める．

これもこのままの形ではクレーロの方程式にならないので $z = \dfrac{1}{x}$ とおくと両辺を微分して

$$\frac{dz}{dx} = -\frac{1}{x^2}, \quad dx = -x^2 dz, \quad \frac{dy}{dx} = \frac{dy}{-x^2 dz}$$

これらを原方程式に代入すると

$$y = -x\frac{dy}{-x^2 dz} + x^4\left(\frac{dy}{-x^2 dz}\right)^2 = \frac{1}{x}\frac{dy}{dz} + \left(\frac{dy}{dz}\right)^2$$

$$= z\frac{dy}{dz} + \left(\frac{dy}{dz}\right)^2$$

となって，明らかにクレーロの方程式 (2·19) の形になるので，その一般解は $\dfrac{dy}{dz} = p$ を積分定数 k でおきかえたものになって

$$y = kz + k^2 = k\frac{1}{x} + k^2 \quad \text{または} \quad xy = k + k^2 x$$

この場合の特異解を (2·21) 式によって求めると

$$z = -f'(p) = -\frac{dp^2}{dp} = -2p = -2\left(\frac{dy}{dz}\right) \quad \frac{dy}{dz} = -\frac{z}{2}$$

$$y = -pf'(p) + f(p) = -p \times 2p + p^2 = -p^2 = -\left(\frac{dy}{dz}\right)^2 = -\left(-\frac{z}{2}\right)^2$$

すなわち

$$y = -\left(\frac{z}{2}\right)^2 = -\frac{z^2}{4} = -\frac{1}{4x^2} \quad \therefore \quad 1 + 4x^2 y = 0$$

が，この場合の特異解である．

3 2階微分方程式の解き方

3·1 定係数をもつ2階常微分方程式の解き方

一般に n 階常微分方程式は P_n, P_{n-1}, ……P_1, P_0 を x のみまたは x と y の関数, Q を x のみの関数としたとき,

$$P_n \frac{d^n y}{dx^n} + P_{n-1} \frac{d^{n-1} y}{dx^{n-1}} + \cdots\cdots + P_1 \frac{dy}{dx} + P_0 y = Q \tag{3·1}$$

斉次形 によってあらわされる。この右辺の $Q=0$ である場合を**斉次形**(Homogeneous),
非斉次形 $Q \neq 0$ の場合を**非斉次形**(Inhomogeneous)という。また, 係数 P_n, P_{n-1}, ……,
定係数線形微分 P_1, P_0 が x の関数でなく定数であるとき**定係数をもつ線形微分方程式**と称する。さ
方程式 て, この n 階の斉次形常微分方程式

$$P_n \frac{d^n y}{dx^n} + P_{n-1} \frac{d^{n-1} y}{dx^{n-1}} + \cdots\cdots + P_1 \frac{dy}{dx} + P_0 y = 0 \tag{3·2}$$

が独立して n 個の解

$$y = f_1(x), \quad y = f_2(x), \quad \cdots\cdots \quad y = f_n(x)$$

を持つものとすると, ここでは証明を省略するが, その一般解は, これらの和として

$$y = A_1 f_1(x) + A_2 f_2(x) + \cdots\cdots + A_n f_n(x) \tag{3·3}$$

で与えられる。なお, (3·1) が特異解 $y = F(x)$ を持つものとし, その一般解を
(3·3)式としたとき (3·1)式の一般解は

$$y = A_1 f_1(x) + A_2 f_2(x) + \cdots\cdots + A_n f_n(x) + F(x) \tag{3·4}$$

によって与えられる。これらをもとにして, まず, $n=2$, $Q=0$ で定係数の場合,
すなわち

$$P_2 \frac{d^2 y}{dx^2} + P_1 \frac{dy}{dx} + P_0 y = 0 \tag{3·5}$$

2階線形 の定係数をもつ2階線形常微分方程式の一般解から説明しよう。上式の両辺を P_2 で
常微分方程式 除すと

$$\frac{d^2 y}{dx^2} + a \frac{dy}{dx} + by = 0 \quad \text{ただし,} \quad a = \frac{P_1}{P_2}, \quad b = \frac{P_0}{P_2} \tag{i}$$

となるが, いま, この (i) 式の解を, γ を未知の定数として $y = \varepsilon^{\gamma x}$ とおいてみると

$$y = \varepsilon^{\gamma x} \quad \frac{dy}{dx} = \gamma \varepsilon^{\gamma x} \quad \frac{d^2 y}{dx^2} = \gamma^2 \varepsilon^{\gamma x}$$

なるので, これを (i) 式に代入すると

—24—

3・1 定係数をもつ2階常微分方程式の解き方

$$\gamma^2 \varepsilon^{\gamma x} + a\gamma \varepsilon^{\gamma x} + b\varepsilon^{\gamma x} = \varepsilon^{\gamma x}(\gamma^2 + a\gamma + b) = 0 \qquad \text{(ii)}$$

したがって，$\gamma^2 + a\gamma + b = 0$ を満足するようなγをえらぶと$\varepsilon^{\gamma x}$は(i)式を満足させるので，その解となる．

特性方程式　さて，γの2次方程式　$\gamma^2 + a\gamma + b = 0$ ── これを原式の**特性方程式**（Characteristic equation）ともいう ── の根はα, βと二つあって

$$\left.\begin{array}{c}\alpha\\\beta\end{array}\right\} = \frac{-a \pm \sqrt{a^2 - 4b}}{2} = -\frac{a}{2} \pm \frac{1}{2}\sqrt{a^2 - 4b} \qquad \text{(iii)}$$

となり，$y = \varepsilon^{\alpha x}$ とおいても $y = \varepsilon^{\beta x}$ とおいても(3・5)式を満足させるので(3・3)式から明らかなように，その一般解はA, Bを定数として

$$Y = A\varepsilon^{\alpha x} + B\varepsilon^{\beta x} \qquad (3\cdot6)$$

として与えられる．

この特性方程式であるγの2次方程式 $\gamma^2 + a\gamma + b = 0$ の根の判別式を $D = a^2 - 4b$ とすると，$D = 0$, $D > 0$, $D < 0$ の各場合に応じて，(3・6)式の一般解の形がちがってくる．すなわち

(1) $D = 0$ $(a^2 = 4b)$ の重根（実根）の場合；このときは$\alpha = \beta = \lambda = -\dfrac{a}{2}$ となり(3・6)式は

$$y = (A+B)\varepsilon^{\lambda x} = k\varepsilon^{\lambda x}$$

となって積分定数が一つになり，これは一つの解だから他の1解を求めねばならない．これを $y = x\varepsilon^{\lambda x}$ とおくと，

$$\frac{dy}{dx} = \varepsilon^{\lambda x}(1 + \lambda x), \qquad \frac{d^2 y}{dx^2} = \varepsilon^{\lambda x}(2\lambda + \lambda^2 x)$$

となる．これらを(i)式に左辺の代入すると

$$\varepsilon^{\lambda x}(2\lambda + \lambda^2 x) + a\varepsilon^{\lambda x}(1 + \lambda x) + bx\varepsilon^{\lambda x} = \varepsilon^{\lambda x}\{x(\lambda^2 + a\lambda + b) + (2\lambda + a)\} = 0$$

なぜなら，上式の{ }内のλに$\lambda = -\dfrac{a}{2}$を代入すると

$$x\left\{\left(-\frac{a}{2}\right)^2 + a\left(-\frac{a}{2}\right) + b\right\} + \left\{2\left(-\frac{a}{2}\right) + a\right\}$$

$$= x\left\{-\frac{a^2}{4} - \frac{a^2}{2} + \frac{a^2}{4}\right\} + (-a + a) = 0$$

ただし，$a^2 = 4b$ より $b = \dfrac{a^2}{4}$

となって(i)式を満足させるので $y = x\varepsilon^{\lambda x}$ も一つの解になる．この場合の一般解は

$$y = A\varepsilon^{\lambda x} + Bx\varepsilon^{\lambda x} = (A + Bx)\varepsilon^{\lambda x} \qquad (3\cdot7)$$

(2) $D > 0$ $(a^2 > 4b)$ の異なる2実根の場合；この場合は，既に求めた(3・6)式がその一般解であって，α, βのいずれもが実数である．

(3) $D < 0$ $(a^2 < 4b)$ の異なる2虚根の場合；この場合の特性方程式の根を

$$\frac{a}{2} \pm \frac{1}{2}\sqrt{a^2-4b} = \frac{a}{2} \pm j\frac{1}{2}\sqrt{4b-a^2} = \alpha \pm j\beta$$

とおくと，(3・6)式は

$$y = A\varepsilon^{(\alpha+j\beta)x} + B\varepsilon^{(\alpha-j\beta)x} = \varepsilon^{\alpha x}\left(A\varepsilon^{j\beta x} + B\varepsilon^{-j\beta x}\right)$$

となるが，後述するように

$$\varepsilon^{\pm j\beta x} = \cos\beta x \pm j\sin\beta x$$

なる関係があるので，上式は

$$y = \varepsilon^{\alpha x}\{A(\cos\beta x + j\sin\beta x) + B(\cos\beta x - j\sin\beta x)\}$$
$$= \varepsilon^{\alpha x}(A_1\cos\beta x + jB_1\sin\beta x) \tag{3・8}$$

ただし，$A_1 = A + B$, $B_1 = A - B$

となり，これが $D<0$ の場合の一般解になる．

次に，以上の各場合を例題について演習しよう．

〔例1〕 $\dfrac{d^2y}{dx^2} + 5\dfrac{dy}{dx} + 6y = 0$ の一般解を求める．

前述したように，$y = \varepsilon^{\alpha x}$ と仮定すると

$$\frac{dy}{dx} = \alpha\varepsilon^{\alpha x}, \quad \frac{d^2y}{dx^2} = \alpha^2\varepsilon^{\alpha x}$$

となるので，これを原式に代入すると $\varepsilon^{\alpha x}(\alpha^2 + 5\alpha + 6) = 0$ が得られ，この場合の特性方程式は $\alpha^2 + 5\alpha + 6 = (\alpha+2)(\alpha+3) = 0$ となるので，$\alpha = -2, -3$ となり，異なる実根の場合になるので，その一般解は (3・6) 式より，

$$y = A\varepsilon^{-2x} + B\varepsilon^{-3x}$$

というようになる．

〔例2〕 $\dfrac{d^2y}{dx^2} + 4\dfrac{dy}{dx} + 4y = 0$ の一般解を求める．

前と同様に $y = \varepsilon^{\alpha x}$ と仮定すると，原式より

$$\varepsilon^{\alpha x}(\alpha^2 + 4\alpha + 4) = 0$$

となり，このときの特性方程式は $\alpha^2 + 4\alpha + 4 = (\alpha+2)^2 = 0$ となって，重根の場合になるので，$\alpha = \beta = \lambda = -2$ となり，一つの解は ε^{-2x} であるが，他の解を前述したように $x\varepsilon^{\lambda x} = x\varepsilon^{-2x}$ と仮定すると

$$\frac{dy}{dx} = \varepsilon^{\lambda x}(1 + \lambda x) = \varepsilon^{-2x}(1 - 2x)$$

$$\frac{d^2y}{dx^2} = \varepsilon^{\lambda x}(2\lambda + \lambda^2 x) = \varepsilon^{-2x}(-4 + 4x)$$

これを原式に代入すると

$$\varepsilon^{-2x}\{(-4+4x) + 4(1-2x) + 4x\} = 0$$

になるので $x\varepsilon^{-2x}$ も原式を満足させるので，その一般解は (3・7) 式により

$$y = A\varepsilon^{-2x} + Bx\varepsilon^{-2x} = (A + Bx)\varepsilon^{-2x}$$

というように求められる．

〔例3〕 $\dfrac{d^2y}{dx^2} + 8\dfrac{dy}{dx} + 25y = 0$ の一般解を求める．

前と同様に $y = \varepsilon^{\alpha x}$ とおくと原式より

$$\varepsilon^{\alpha x}(\alpha^2 + 8\alpha + 25) = 0$$

となり，このときの特性方程式は $\alpha^2 + 8\alpha + 25 = 0$ であって，その根は

$$\left.\begin{array}{l}\alpha\\ \beta\end{array}\right\} = -\dfrac{8}{2} \pm \dfrac{1}{2}\sqrt{64-100} = -4 \pm j3$$

となり $y = \varepsilon^{(-4 \pm j3)x}$ となるので，その一般解は

$$y = A\varepsilon^{(-4+j3)x} + B\varepsilon^{(-4-j3)x} = \varepsilon^{-4x}(A\varepsilon^{j3x} + B\varepsilon^{-j3x})$$
$$= \varepsilon^{-4x}(A_1 \cos 3x + B_1 \sin 3x)$$

になる．これは明らかに異なる2虚根の場合である．

3・2　非斉次2階線形常微分方程式の解き方

次に $Q \neq 0$ である非斉次の定係数をもつ2階微分方程式の解き方を述べよう．すなわち

$$\dfrac{d^2y}{dx^2} + a\dfrac{dy}{dx} + by = Q \tag{3・9}$$

において，$Q = f(x)$ とした一般的な解き方もあるが，後述するように計算が厄介だから，それを述べる前に Q の値に応じて行なえる簡便な方法を著者の創意も加えて逐次に説明することにしよう．

【1】 $Q = k$ の定数の場合

すなわち

$$\dfrac{d^2y}{dx^2} + a\dfrac{dy}{dx} + by = k \tag{3・10}$$

この一般解を求めるために，$y = Y + h$ とおくと，この両辺を微分した

$$\dfrac{dy}{dx} = \dfrac{dY}{dx}, \quad \dfrac{d^2y}{dx^2} = \dfrac{d^2Y}{dx^2}$$

になるので，(3・10)式で y を Y に書きかえると

$$\dfrac{d^2Y}{dx^2} + a\dfrac{dY}{dx} + b(Y+h) = \dfrac{d^2Y}{dx^2} + a\dfrac{dY}{dx} + bY + bh = k$$

となり，ここで $bh = k$, $h = \dfrac{k}{b}$ となるように h をとると上式は

3 2階微分方程式の解き方

$$\frac{d^2Y}{dx^2}+a\frac{dY}{dx}+bY=0$$

となり，この一般解は前項で求めた (3・6) 式になるので

$$Y=A\varepsilon^{\alpha x}+B\varepsilon^{\beta x}$$

になる．この Y に $Y=y-h=y-\dfrac{k}{b}$ を代入すると

$$y=A\varepsilon^{\alpha x}+B\varepsilon^{\beta x}+\frac{k}{b} \tag{3・11}$$

として一般解が与えられる．

【2】 $Q=mx+c$ の場合

Q が x の1次式のとき，すなわち

$$\frac{d^2y}{dx^2}+a\frac{dy}{dx}+by=mx+c \tag{3・12}$$

で与えられるとき，$y=Y+px+q$ ただし，p, q は定数，とおくと，この両辺を微分して

$$\frac{dy}{dx}=\frac{dY}{dx}+p, \quad \frac{d^2y}{dx^2}=\frac{d^2Y}{dx^2}$$

が得られるので，これを原式に代入すると

$$\frac{d^2Y}{dx^2}+a\frac{dY}{dx}+bY+(bpx+ap+bq)=mx+c$$

ここで，$bp=m$, $ap+bq=c$ ── したがって $p=\dfrac{m}{b}$, $q=\dfrac{bc-am}{b^2}$ とおくと上式は

$$\frac{d^2Y}{dx^2}+a\frac{dY}{dx}+bY=0$$

この一般解は前述のように $Y=A\varepsilon^{\alpha x}+B\varepsilon^{\beta x}$ になり，上記より

$$Y=y-px-qx=y-\frac{m}{b}x-\frac{bc-am}{b^2}$$

$$\therefore \quad y=A\varepsilon^{\alpha x}+B\varepsilon^{\beta x}+\left(\frac{m}{b}x+\frac{bc-am}{b^2}\right) \tag{3・13}$$

これが，(3・12) 式の場合の一般解である．

【3】 $Q=mx^2+nx+c$ の場合

Q が x の2次式で与えられるとき，すなわち

$$\frac{d^2y}{dx^2}+a\frac{dy}{dx}+by=mx^2+nx+c \tag{3・14}$$

で与えられたとき，$y=Y+px^2+qx+r$ ただし，$p, q, r,$ は定数，とおくとこの両辺を微分して

3·2 非斉次2階線形常微分方程式の解き方

$$\frac{dy}{dx} = \frac{dY}{dx} + 2px + q, \quad \frac{d^2y}{dx^2} = \frac{d^2Y}{dx^2} + 2p$$

が得られるので，これを原式に代入すると，

$$\frac{d^2Y}{dx^2} + a\frac{dY}{dx} + bY + \{bpx^2 + (2ap+bq)x + 2p+aq+br\} = mx^2 + nx + c$$

ここで $bp = m$, $2ap + bq = n$, $2p + aq + br = c$, したがって

$$p = \frac{m}{b}, \quad q = \frac{bn - 2am}{b^2}, \quad r = \frac{b^2c - 2bm - abn + 2a^2m}{b^3}$$

とおくと，上式は前と同様に

$$\frac{d^2Y}{dx^2} + a\frac{dY}{dx} + bY = 0$$

となって，その一般解は $Y = A\varepsilon^{\alpha x} + B\varepsilon^{\beta x}$ となり，上記より $Y = y - px^2 - qx - r$ となるので

$$y = A\varepsilon^{\alpha x} + B\varepsilon^{\beta x} + \left(\frac{m}{b}x^2 + \frac{bn-2am}{b^2}x + \frac{b^2c-2bm-abn+2a^2m}{b^3}\right) \quad (3 \cdot 15)$$

としてこの場合の一般解が与えられる．

いま，特別な場合として $Q = mx^2$ であると，n, c が共に0になって，その一般解は上式より直ちに

$$y = A\varepsilon^{\alpha x} + B\varepsilon^{\beta x} + \frac{m}{b}\left\{x^2 - \frac{2a}{b}x + \frac{2(a^2-b)}{b^2}\right\}$$

というようになる．

【4】 $Q = m\varepsilon^{kx}$ の場合 ただし，m, k は定数，
すなわち

$$\frac{d^2y}{dx^2} + a\frac{dy}{dx} + b = m\varepsilon^{kx} \quad (3 \cdot 16)$$

で与えられたときは，$y = Y + p\varepsilon^{kx}$, ただし p は定数，とおくと，その両辺を微分して

$$\frac{dy}{dx} = \frac{dY}{dx} + kp\varepsilon^{kx}, \quad \frac{d^2y}{dx^2} = \frac{d^2Y}{dx^2} + k^2p\varepsilon^{kx}$$

が得られるので，これを原式に代入すると

$$\frac{d^2Y}{dx^2} + a\frac{dY}{dx} + bY + p\varepsilon^{kx}(k^2 + ak + b) = m\varepsilon^{kx}$$

になるので，$p\varepsilon^{kx}(k^2+ak+b) = m\varepsilon^{kx}$ したがって，

$$p = \frac{m}{k^2 + ak + b}$$

とおくと，上式は $\dfrac{d^2Y}{dx^2} + a\dfrac{dY}{dx} + bY = 0$ となり，その一般解は $Y = A\varepsilon^{\alpha x} + B\varepsilon^{\beta x}$
になるが，$Y = y - p\varepsilon^{kx}$ だから，

3 2階微分方程式の解き方

$$y = A\varepsilon^{\alpha x} + B\varepsilon^{\beta x} + \frac{m}{k^2 + ak + b}\varepsilon^{kx} \qquad (3\cdot17)$$

が $(3\cdot16)$ 式の一般解になる．

ただし，k が特性方程式 $\alpha^2 + a\alpha + b = 0$ の根であると $k^2 + ak + b = 0$ となって，p の値が定められないから，この場合は $y = Y + px\varepsilon^{kx}$ とおき $p = \dfrac{m}{2k + a}$ となる．さらに，この k が $\alpha^2 + a\alpha + b = 0$ の重根であると $2k + a = 0$ になって p が定められないので，そのときは $y = Y + px^2\varepsilon^{kx}$ とおく．こうすると $p = \dfrac{a}{2}$ になる．

【5】 $Q = m\cos\omega x$ の場合

なお，Q が $m\sin\omega x$，または $m\cos\omega x + n\sin\omega x$ でも同様に行なえる．すなわち，

$$\frac{d^2 y}{dx^2} + a\frac{dy}{dx} + by = m\cos\omega x \qquad (3\cdot18)$$

で与えられたときは，$y = Y + p\cos\omega x + q\sin\omega x$，ただし，$p$, q は定数，とおくと，その両辺を微分して

$$\frac{dy}{dx} = \frac{dY}{dx} - \omega p\sin\omega x + \omega q\cos\omega x$$

$$\frac{d^2 y}{dx^2} = \frac{d^2 Y}{dx^2} - \omega^2 p\cos\omega x - \omega^2 q\sin\omega x$$

これらを $(3\cdot18)$ 式に代入すると

$$\frac{d^2 Y}{dx^2} + a\frac{dY}{dx} + bY + \{(b - \omega^2)p + a\omega q\}\cos\omega x$$
$$+ \{(b - \omega^2)q - a\omega p\}\sin\omega x = m\cos\omega x$$

そこで $(b - \omega^2)p + a\omega q = m$ および $(b - \omega^2)q - a\omega p = 0$

したがって，

$$p = \frac{m(b - \omega^2)}{(b - \omega^2)^2 - a^2\omega^2}, \quad q = \frac{ma\omega}{(b - \omega^2)^2 + a^2\omega^2}$$

とおくと，上式は

$$\frac{d^2 Y}{dx^2} + a\frac{dY}{dx} + bY = 0$$

となり，その一般解は $Y = A\varepsilon^{\alpha x} + B\varepsilon^{\beta x}$ になるが，$y = Y + (p\cos\omega x + q\sin\omega x)$ となるので，

$$y = A\varepsilon^{\alpha x} + B\varepsilon^{\beta x} + \frac{m}{(b - \omega^2)^2 + a^2\omega^2}\{(b - \omega^2)\cos\omega x + a\omega\sin\omega x\} \qquad (3\cdot19)$$

が得られる．これが $(3\cdot18)$ 式の一般解である．

> 注： 次の例 6 に示すように，特性方程式が純虚根，すなわち $\alpha = \pm j\beta$ の形になるときは，上記のようにおくと p, q の値が不定になるので，$y = Y + x(p\cos\omega x + q\sin\omega x)$ とおく．

【6】 $Q=f(x)$ の場合

Q が x の任意の関数 $f(x)$ である

$$\frac{d^2y}{dx^2}+a\frac{dy}{dx}+by=f(x) \tag{3·20}$$

の場合について考えてみよう．上述したように $f(x)\equiv 0$ のときの解は $(3\cdot 6)$ 式，すなわち

$$y=A\varepsilon^{\alpha x}+B\varepsilon^{\beta x}$$

で与えられる．この式で $(3\cdot 20)$ 式を満足させるために，定数 A, B を x の任意の関数と仮定し，これを $A(x)$, $B(x)$ であらわすと

$$y=A(x)\varepsilon^{\alpha x}+B(x)\varepsilon^{\beta x} \tag{i}$$

になる．これを x について微分すると

$$\frac{dy}{dx}=A'(x)\varepsilon^{\alpha x}+\alpha A(x)\varepsilon^{\alpha x}+B'(x)\varepsilon^{\beta x}+\beta B(x)\varepsilon^{\beta x}$$

となるが，ここで

$$A'(x)\varepsilon^{\alpha x}+B'(x)\varepsilon^{\beta x}=0 \tag{ii}$$

にすると，上記は

$$\frac{dy}{dx}=\alpha A(x)\varepsilon^{\alpha x}+\beta B(x)\varepsilon^{\beta x} \tag{iii}$$

になる．この (iii) 式をさらに微分すると

$$\frac{d^2y}{dx^2}=\alpha^2 A(x)\varepsilon^{\alpha x}+\beta^2 B(x)\varepsilon^{\beta x}+\alpha A'(x)\varepsilon^{\alpha x}+\beta B'(x)\varepsilon^{\beta x} \tag{iv}$$

この (i) (iii) (iv) 式を $(3\cdot 20)$ 式の左辺に代入すると

$$\begin{aligned}\frac{d^2y}{dx^2}+a\frac{dy}{dx}+by &= \alpha^2 A(x)\varepsilon^{\alpha x}+\beta^2 B(x)\varepsilon^{\beta x}+\alpha A'(x)\varepsilon^{\alpha x}+\beta B'(x)\varepsilon^{\beta x} \\ &\quad +a\alpha A(x)\varepsilon^{\alpha x}+a\beta B(x)\varepsilon^{\beta x}+bA(x)\varepsilon^{\alpha x}+bB(x)\varepsilon^{\beta x} \\ &= (\alpha^2+a\alpha+b)A(x)\varepsilon^{\alpha x}+(\beta^2+a\beta+b)B(x)\varepsilon^{\beta x} \\ &\quad +\alpha A'(x)\varepsilon^{\alpha x}+\beta B'(x)\varepsilon^{\beta x} \\ &= \alpha A'(x)\varepsilon^{\alpha x}+\beta B'(x)\varepsilon^{\beta x} \end{aligned} \tag{v}$$

ただし，斉次形として $(3\cdot 20)$ 式より y を導いたとき，その特性方程式を $\alpha^2+a\alpha+b=0$ とおいたので，これにその2根を入れた $\alpha^2+a\alpha+b$ も $\beta^2+a\beta+b$ も共に0になる．

したがって，(i) 式が $(3\cdot 20)$ 式の解であるためには (v) 式の値が $f(x)$ に等しくならねばならない．また，このことは (ii) 式の成立つことを条件としているので

$$A'(x)\varepsilon^{\alpha x}+B'(x)\varepsilon^{\beta x}=0$$
$$\alpha A'(x)\varepsilon^{\alpha x}+\beta B'(x)\varepsilon^{\beta x}=f(x)$$

が同時に成立せねばならない．これは $A'(x)$, $B'(x)$ に関する連立方程式になるので，これを解くと

$$A'(x)=\frac{1}{\alpha-\beta}f(x)\varepsilon^{-\alpha x}, \quad B'(x)=\frac{1}{\beta-\alpha}f(x)\varepsilon^{-\beta x}$$

となるので，これらから $A(x)$，$B(x)$ を求めると

$$A(x)=\frac{1}{\alpha-\beta}\int f(x)\varepsilon^{-\alpha x}dx+k_1$$

$$B(x)=\frac{1}{\beta-\alpha}\int f(x)\varepsilon^{-\beta x}dx+k_2$$

これらを(i)式に代入すると

$$y=\frac{1}{\alpha-\beta}\varepsilon^{\alpha x}\int f(x)\varepsilon^{-\alpha x}dx+\frac{1}{\beta-\alpha}\varepsilon^{\beta x}\int f(x)\varepsilon^{-\beta x}dx+k_1\varepsilon^{\alpha x}+k_2\varepsilon^{\beta x} \quad (3\cdot21)$$

が得られる．これが(3・20)式に対する一般解である．

【7】 $Q=f(y)$ の場合

$Q=f(y)$で次のような形をとるとき

$$\frac{d^2y}{dx^2}=f(y) \quad (3\cdot22)$$

$\dfrac{dy}{dx}=p$ とおくと，

$$\frac{d^2y}{dx^2}=\frac{d}{dx}\left(\frac{dy}{dx}\right)=\frac{dp}{dx}=\frac{dp}{dy}\cdot\frac{dy}{dx}=\frac{dp}{dy}\cdot p$$

すなわち，$\dfrac{d^2y}{dx^2}=p\cdot\dfrac{dp}{dy}=f(y)$ となり，これは $p,\ y$ について1階の微分方程式で，しかも変数が分離されているので

$$pdp=f(y)dy \quad 積分すると \quad \int pdp=\int f(y)dy+k \quad (3\cdot23)$$

によって解ける．あるいは原式の両辺に $2\dfrac{dy}{dx}$ を乗ずると

$$2\frac{dy}{dx}\cdot\frac{d^2y}{dx^2}=2f(y)\frac{dy}{dx}$$

ここで $\dfrac{d}{dx}\left(\dfrac{dy}{dx}\right)^2=2\dfrac{dy}{dx}\cdot\dfrac{d^2y}{dx^2}$ となるので，

上式の両辺を積分すると

$$\left(\frac{dy}{dx}\right)^2=2\int f(y)dy+k$$

$$\frac{dy}{dx}=\pm\sqrt{2\int f(y)dy+k}, \quad \frac{dy}{\sqrt{2\int f(y)dy+k}}=\pm dx$$

となって変数が分離されるので，両辺を積分することができる．

3・2 非斉次2階線形常微分方程式の解き方

〔例1〕 $\dfrac{d^2y}{dx^2}-6\dfrac{dy}{dx}+9y=6$ の一般解を求める.

(**3・11**)式から明らかなように, 右辺を0とおいて一般解を求め, それに $\dfrac{k}{b}=\dfrac{6}{9}=\dfrac{2}{3}$ を加えればよいが, 最初から行うと $y=Y+h$ とおくと, 原式は

$$\dfrac{d^2Y}{dx^2}-6\dfrac{dY}{dx}+9Y+9h=6$$

ここで $9h=6,\ h=\dfrac{6}{9}=\dfrac{2}{3}$ とし $y=Y+\dfrac{2}{3}$ とおくと, 上式は

$$\dfrac{d^2Y}{dx^2}-6\dfrac{dY}{dx}+9Y=0 \qquad\qquad (\mathrm{i})$$

ここで $Y=\varepsilon^{\alpha x}$ と仮定すると

$$\varepsilon^{\alpha x}(\alpha^2-6\alpha+9)=\varepsilon^{\alpha x}(\alpha-3)^2=0$$

すなわち, 特性方程式は重根の場合になり一つの解は $Y_1=\varepsilon^{3x}$ になる. 他の一つの解を $Y_2=x\varepsilon^{3x}$ とすると

$$\dfrac{dY_2}{dx}=\varepsilon^{3x}+3x\varepsilon^{3x},\quad \dfrac{d^2Y_2}{dx^2}=3\varepsilon^{3x}+3\varepsilon^{3x}+9x\varepsilon^{3x}$$

となり, これを(i)式に代入すると

$$6\varepsilon^{3x}+9x\varepsilon^{3x}-6\varepsilon^{3x}-18x\varepsilon^{3x}+9x\varepsilon^{3x}=0$$

となり(i)式を満足させるので $Y_2=x\varepsilon^{3x}$ もその解となる.
(i)の一般解は

$$Y=y-\dfrac{2}{3}=A\varepsilon^{3x}+Bx\varepsilon^{3x}$$

$$\therefore\quad y=(A+Bx)\varepsilon^{3x}+\dfrac{2}{3}$$

〔例2〕 $\dfrac{d^2y}{dx^2}+6\dfrac{dy}{dx}-7=11-21x$ の一般解を求める.

これも (**3・13**) 式によって求められるが, 第1歩から求めてみよう.

$$y=Y+px+q$$

とおくと原式は

$$\dfrac{d^2Y}{dx^2}+6\dfrac{dY}{dx}-7Y+(6p-7q-7px)=11-21x$$

となり, ここで, $7px=21x,\ p=3$ および $6p-7q=18-7q=11,\ 7q=7,\ q=1$ とすると $y=Y+3x+1\ Y=y-3x-1$ となり,

$$\dfrac{d^2Y}{dx^2}+6\dfrac{dY}{dx}-7Y=0$$

$Y=\varepsilon^{\alpha x}$ とおくと

$$\varepsilon^{\alpha x}(\alpha^2+6\alpha-7)=\varepsilon^{\alpha x}(\alpha-1)(\alpha+7)=0$$

したがって, この一般解は $Y=A\varepsilon^x+B\varepsilon^{-7x}$ となり, 原式の一般解は

$$y = A\varepsilon^x + B\varepsilon^{-7x} + 3x + 1$$

〔例3〕 $\dfrac{d^2y}{dx^2} + 5\dfrac{dy}{dx} + 6y = 12x^2 - 4x + 2$ の一般解を求める．

この場合も $(3 \cdot 15)$ 式によって求められるが，ここでは最初から行ってみる．いま $y = Y + px^2 + qx + r$ とおくと，その両辺を微分して

$$\dfrac{dy}{dx} = \dfrac{dY}{dx} + 2px + q, \quad \dfrac{d^2y}{dx^2} = \dfrac{d^2Y}{dx^2} + 2p$$

が得られる．これを原式に代入すると

$$\dfrac{d^2Y}{dx^2} + 5\dfrac{dY}{dx} + 6Y + \{6px^2 + (10p + 6q)x + 2p + 5q + 6r\}$$
$$= 12x^2 - 4x + 2$$

となり，ここで $p = \dfrac{12}{6} = 2$, $10p + 6q = -4$, $q = -4$, $2p + 5q + 6r = 2$
$r = 3$ とおくと，上式は

$$\dfrac{d^2Y}{dx^2} + 5\dfrac{dY}{dx} + 6Y = 0, \quad \varepsilon^{\alpha x}(\alpha^2 + 5\alpha + 6) = 0$$

この特性方程式 $\alpha^2 + 5\alpha + 6 = (\alpha + 2)(\alpha + 3) = 0$ となり，その根は，$-2, -3$ になるので，その一般解は $A\varepsilon^{-2x} + B\varepsilon^{-3x}$ となり，$y = Y + 2x^2 - 4x + 3$ になるので，原微分方程式の一般解は次式のようになる．

$$y = A\varepsilon^{-2x} + B\varepsilon^{-3x} + (2x^2 - 4x + 3)$$

〔例4〕 $\dfrac{d^2y}{dx^2} - \dfrac{dy}{dx} - 2y = 3\varepsilon^{2x}$ の一般解を求める．

この場合も $(3 \cdot 17)$ 式を参考として解けるが，最初から試みよう．いま，
$$y = Y + p\varepsilon^{2x}$$
とおいて，両辺を微分すると，

$$\dfrac{dy}{dx} = \dfrac{dY}{dx} + 2p\varepsilon^{2x}, \quad \dfrac{d^2Y}{dx^2} = \dfrac{d^2Y}{dx^2} + 4p\varepsilon^{2x}$$

これを原式に代入すると，

$$\dfrac{d^2Y}{dx^2} - \dfrac{dY}{dx} - 2Y + p\varepsilon^{2x}(4 - 2 - 2) = 3\varepsilon^{2x}, \quad p = \dfrac{3}{0}$$

となって p が定まらない．これは既述したように

$$\dfrac{d^2Y}{dx^2} - \dfrac{dY}{dx} - 2Y = \varepsilon^{\alpha x}(\alpha^2 - \alpha - 2) = \varepsilon^{\alpha x}(\alpha - 2)(\alpha + 1)$$

したがって，$Y = A\varepsilon^{2x} + B\varepsilon^{-x}$ となり，この特性方程式の根の一つ $\alpha = 2$ に $\varepsilon^{kx} = \varepsilon^{2x}$ となって $k = 2$ と一致するからで，この場合は $y = Y + px\varepsilon^{2x}$ とおくことになる——これも既述したように特性方程式が重根で $(\alpha - p)^2$ となり ε^{kx} が ε^{px} であるときは $px^2\varepsilon^{px}$ とおく——．

この両辺を微分すると

3·2 非斉次2階線形常微分方程式の解き方

$$\frac{dy}{dx} = \frac{dY}{dx} + p\varepsilon^{2x} + 2px\varepsilon^{2x}$$

$$\frac{d^2y}{dx^2} = \frac{d^2Y}{dx^2} + 2p\varepsilon^{2x} + 2p\varepsilon^{2x} + 4px\varepsilon^{2x}$$

これを原式に入れると

$$\frac{d^2Y}{dx^2} - \frac{dY}{dx} - 2Y + p\varepsilon^{2x}(4+4x-1-2x-2x) = 3\varepsilon^{2x}, \quad p = \frac{3}{3} = 1$$

ゆえに与えられた微分方程式の一般解は次のようになる.

$$y = Y + x\varepsilon^{2x} = A\varepsilon^{2x} + B\varepsilon^{-x} + x\varepsilon^{2x}$$

〔例5〕 $\dfrac{d^2y}{dx^2} - 4y = \sin 3x$ の一般解を求める.

(3·19)式によっても解けるが,第1歩から求めてみよう.まず,

$$y = Y + p\cos 3x + q\sin 3x$$

とおいて両辺を微分すると

$$\frac{dy}{dx} = \frac{dY}{dx} - 3p\sin 3x + 3q\cos 3x$$

$$\frac{d^2y}{dx^2} = \frac{d^2Y}{dx^2} - 9p\cos 3x - 9q\sin 3x$$

これを原式に代入すると

$$\frac{d^2Y}{dx^2} - 4Y - (4p + 9p)\cos 3x - (4q + 9q)\sin 3x = \sin 3x$$

ここで $4p + 9p = 13p = 0$, $p = 0$, $-13q = 1$, $q = -\dfrac{1}{13}$ とおくと,

$$y = Y - \frac{1}{13}\sin 3x$$

となり,また

$$\frac{d^2Y}{dx^2} - 4Y = \varepsilon^{\alpha x}(\alpha^2 - 4) = 0$$

$\alpha = \pm\sqrt{4} = \pm 2$ より

$$y = A\varepsilon^{2x} + B\varepsilon^{-2x} - \frac{1}{13}\sin 3x$$

と,この場合の一般解が求められる.

〔例6〕 $\dfrac{d^2y}{dx^2} + 9y = \cos 3x$ の一般解を求める.

これを $y = Y + p\cos 3x + q\sin 3x$ とおくと

$$\frac{dy}{dx} = \frac{dY}{dx} - 3p\sin 3x + 3q\cos 3x$$

$$\frac{d^2y}{dx^2} = \frac{d^2Y}{dx^2} - 9p\cos 3x - 9q\sin 3x$$

これを原式に代入すると

3 2階微分方程式の解き方

$$\frac{d^2Y}{dx^2}+9Y+(9p-9p)\cos 3x+(9q-9q)\sin 3x=\cos 3x$$

となって，p，q の値が定まらない．このことは既述したように

$$\frac{d^2Y}{dx^2}+9Y=\varepsilon^{\alpha x}(\alpha^2+9)=0, \quad \alpha=\pm\sqrt{-9}=\pm j3$$

と純虚根になるからであって，この場合は

$$y=Y+x(p\cos 3x+q\sin 3x)$$

とおく．いま．この両辺を微分すると，

$$\frac{dy}{dx}=\frac{dY}{dx}+p\cos 3x+q\sin 3x-3px\sin 3x+3qx\cos 3x$$

$$\frac{d^2y}{dx^2}=\frac{d^2Y}{dx^2}-3p\sin 3x+3q\cos 3x-3p\sin 3x+3q\cos 3x$$
$$-9px\cos 3x-9qx\sin 3x$$

これを原式に代入すると

$$\frac{d^2Y}{dx^2}+9Y+6q\cos 3x-6p\sin 3x=\cos 3x$$

ここで $6q=1$，$q=1/6$，$6p=0$，$p=0$ とおくと，

$$y=Y+\frac{1}{6}x\sin 3x$$

となるので

$$y=A\varepsilon^{+j3x}+B\varepsilon^{-j3x}+\frac{1}{6}x\sin 3x$$
$$=A_1\cos 3x+B_1\sin 3x+\frac{1}{6}x\sin 3x$$

というようにして一般解が求められる．

〔例7〕 $\dfrac{d^2y}{dx^2}+9y=0$ の一般解を求める．

(3・23)式によって解けるが，例によって第1歩から求めてみよう．

いま $\dfrac{dy}{dx}=p$ とおくと

$$\frac{d^2y}{dx^2}=\frac{d}{dx}\left(\frac{dy}{dx}\right)=\frac{dp}{dx}=\frac{dp}{dy}\cdot\frac{dy}{dx}=\frac{dp}{dy}\cdot p$$

原式に入れると

$$\frac{dp}{dy}\cdot p+9y=0, \quad p\,dp=-9y\,dy$$

両辺を積分すると，

$$\frac{1}{2}p^2=-\frac{9}{2}y^2+k$$

$$p=\pm\sqrt{2k-9y^2}, \quad \frac{dy}{dx}=\pm\sqrt{2k-9y^2}$$

したがって

$$\int \frac{1}{\sqrt{2k-9y^2}}dy = \pm\int dx + k'$$

$$\sin^{-1}\frac{3y}{\sqrt{2k}} = \pm x + k', \quad \frac{3y}{\sqrt{2k}} = \sin(\pm x + k')$$

$$\therefore \quad y = \frac{\sqrt{2k}}{3}\sin(\pm x + k')$$

ただし

$$\int \frac{1}{\sqrt{a^2-x^2}}dx = \sin^{-1}\frac{x}{a} + k'$$

3・3 n階常微分方程式の解き方

まず定係数をもつn階の斉次形の常微分方程式の解き方から説明しよう．
その一般的な形は

$$\frac{d^n y}{dx^n} + a_{n-1}\frac{d^{n-1}y}{dx^{n-1}} + a_{n-2}\frac{d^{n-2}y}{dx^{n-2}} + \cdots\cdots + a_1\frac{dy}{dx} + a_0 y = 0 \tag{3・24}$$

であらわされるが，その一般解は前述した2階の場合と同様であって，上式に $y = \varepsilon^{\alpha x}$ を代入してみると

$$\frac{dy}{dx} = \alpha\varepsilon^{\alpha x}, \quad \frac{d^2 y}{dx^2} = \alpha^2\varepsilon^{\alpha x}, \ \cdots\cdots, \ \frac{d^n y}{dx^n} = \alpha^n\varepsilon^{\alpha x}$$

となるので，これを原式に入れると

$$\varepsilon^{\alpha x}(\alpha^n + a_{n-1}\alpha^{n-1} + a_{n-2}\alpha^{n-2} + \cdots\cdots + a_1\alpha + a_0) = 0$$

そこで

$$\alpha^n + a_{n-1}\alpha^{n-1} + a_{n-2}\alpha^{n-2} + \cdots\cdots + a_1\alpha + a_0 = 0 \qquad \text{(i)}$$

とすると，この(i)式を満足させるようにすると $y = \varepsilon^{\alpha x}$ は原方程式を満足させる．

この(i)式はn次の代数方程式であるから，一般にn個の根をもっている．それらの根を $\lambda_1, \lambda_2, \cdots\cdots, \lambda_n$ とすると $y = \varepsilon^{\lambda_1 x}, y = \varepsilon^{\lambda_2 x}, \cdots\cdots, y = \varepsilon^{\lambda_n x}$ はいずれも原方程式を満足させるので，$A_1, A_2, \cdots\cdots, A_n$ を定数とした

$$y = A_1\varepsilon^{\lambda_1 x} + A_2\varepsilon^{\lambda_2 x} + \cdots\cdots + A_n\varepsilon^{\lambda_n x} \tag{3・25}$$

特性方程式 は2階の場合と同様に(3・24)式の一般解である．この場合の特性方程式は(i)式で示され，その根 $\lambda_1, \lambda_2, \cdots\cdots, \lambda_n$ は実数，虚数，複素数のいずれともなるが，$\varepsilon^{\alpha x}$ のαが特性方程式の根と等しいときは $\varepsilon^{\alpha x}$ を $x\varepsilon^{\alpha x}$ とおき，さらにこれが重根のときは $x^2\varepsilon^{\alpha x}$ とおく．

さらに，(3・24)式が非斉次形で

$$\frac{d^n y}{dx^n} + a_{n-1}\frac{d^{n-1}y}{dx^{n-1}} + a_{n-2}\frac{d^{n-2}y}{dx^{n-2}} + \cdots\cdots + a_1\frac{dy}{dx} + a_0 y = f(x) \tag{3・26}$$

である場合も2階の場合と同様に，3・2の各例で述べたような要領で，その一般解を求めることができる．

次に変係数の場合も，特に次のような形

$$x^n \frac{d^n y}{dx^n} + a_{n-1} x^{n-1} \frac{d^{n-1} y}{dx^{n-1}} + a_{n-2} x^{n-2} \frac{d^{n-2} y}{dx^{n-2}} + \cdots\cdots + a_1 x \frac{dy}{dx} + a_0 y = f(x) \tag{3·27}$$

であらわされるとき，x と dx は同種の量と考えられるので，この方程式は同次式になる．この場合は $x = \varepsilon^z$ とおいて解ける．なお，同様な形として

$$\frac{d^n y}{dx^n} + \frac{a_{n-1}}{x} \frac{d^{n-1} y}{dx^{n-1}} + \frac{a_{n-2}}{x^2} \frac{d^{n-2} y}{dx^{n-2}} + \cdots\cdots + \frac{a_1}{x^{n-1}} \frac{dy}{dx} + \frac{a_0}{x^n} y = 0 \tag{3·28}$$

の場合は $y = x^m$ とおいて一般解が求められる．

次の例題において上記を練習してみよう．

〔例1〕 $\dfrac{d^3 y}{dx^3} + y = 0$ の一般解を求める．

いま $y = \varepsilon^{\alpha x}$ とおくと，原式より $\varepsilon^{\alpha x}(\alpha^3 + 1) = 0$ となり，この場合の特性方程式 $\alpha^3 - 1 = 0$ の根は

$$\lambda_1 = -1, \quad \lambda_2 = -\frac{1}{2} + j\frac{\sqrt{3}}{2}, \quad \lambda_3 = -\frac{1}{2} - j\frac{\sqrt{3}}{2}$$

となるので，一般解は

$$\begin{aligned}
y &= A_1 \varepsilon^{-x} + A_2 \varepsilon^{\left(-\frac{1}{2} + j\frac{\sqrt{3}}{2}\right)x} + A_3 \varepsilon^{\left(-\frac{1}{2} - j\frac{\sqrt{3}}{2}\right)x} \\
&= A_1 \varepsilon^{-x} + \varepsilon^{-\frac{1}{2}x} \left\{ A_2 \left(\cos\frac{\sqrt{3}}{2}x + j\sin\frac{\sqrt{3}}{2}x \right) + A_3 \left(\cos\frac{\sqrt{3}}{2}x - j\sin\frac{\sqrt{3}}{2}x \right) \right\} \\
&= A_1 \varepsilon^{-x} + \varepsilon^{-\frac{1}{2}x} \left\{ (A_2 + A_3) \cos\frac{\sqrt{3}}{2}x + j(A_2 - A_3) \sin\frac{\sqrt{3}}{2}x \right\}
\end{aligned}$$

ただし，$\varepsilon^{\pm j\lambda x} = \cos\lambda x \pm j\sin\lambda x$

〔例2〕 $\dfrac{d^4 y}{dt^4} - m^4 y = n\sin\omega t$ の一般解を求める．

3.2の【5】と同様に，

$$y = Y + p\cos\omega t + q\sin\omega t$$

とおくと

$$\frac{d^4 y}{dt^4} = \frac{d^4 Y}{dt^4} + \omega^4 p\cos\omega t - \omega^4 q\sin\omega t$$

これを原式に代入すると

$$\frac{d^4 Y}{dt^4} - m^4 Y + (\omega^4 + m^4)p\cos\omega t + (\omega^4 - m^4)q\sin\omega t = n\sin\omega t$$

ここで $(\omega^4 + m^4)p = 0$，$p = 0$ とし $(\omega^4 - m^4)q = n$ とすると $q = n/(\omega^4 - m^4)$ になり，

$$y = Y + \frac{n}{\omega^4 - m^4}\sin\omega t$$

3・3 n階常微分方程式の解き方

とおくと原式は

$$\frac{d^4Y}{dt^4} - m^4 Y = 0$$

となる.

この一般解は $Y = \varepsilon^{\alpha t}$ とおくと, 原式より $\varepsilon^{\alpha t}(\alpha^4 - m^4) = 0$, $\alpha^2 = \pm m^2$ より $\alpha = \pm\sqrt{+m^2}$, $\lambda_1 = +m$, $\lambda_2 = -m$

また $\alpha = \pm\sqrt{-m^2}$, $\lambda_3 = +jm$, $\lambda_4 = -jm$ となるので

$$y = A_1 \varepsilon^{mt} + A_2 \varepsilon^{-mt} + A_3 \varepsilon^{jm} + A_4 \varepsilon^{-jm} + \frac{n}{\omega^4 - m^4} \sin \omega t$$

これが原微分方程式の一般解である.

〔例3〕 $x^2 \dfrac{d^2y}{dx^2} - x \dfrac{dy}{dx} + y = 2\log x$ の一般解を求める.

これは2階であるが変係数の同次式である. まず, この変係数を消去する工夫をしてみよう.

いま, $x = \varepsilon^z$, すなわち $z = \log x$ とおくと

$$\frac{dz}{dx} = \frac{1}{x}, \quad \frac{dx}{dz} = x \tag{i}$$

また

$$\frac{dy}{dz} = \frac{dx}{dz} \cdot \frac{dy}{dx} = x \frac{dy}{dx} \tag{ii}$$

$$\frac{d^2y}{dz^2} = \frac{d}{dz}\left(x \frac{dy}{dx}\right) = \frac{dx}{dz} \cdot \frac{dy}{dx} + x \frac{dx}{dz} \frac{d^2y}{dx^2} = x \frac{dy}{dx} + x^2 \frac{d^2y}{dx^2}$$

ただし, $\dfrac{d}{dz}\left(\dfrac{dy}{dx}\right) = \dfrac{d}{dx}\left(\dfrac{dy}{dx}\right) \cdot \dfrac{dx}{dz} = \dfrac{dx}{dz} \cdot \dfrac{d^2y}{dx^2}$

上式を移項して(ii)式を用いると

$$x^2 \frac{d^2y}{dx^2} = \frac{d^2y}{dz^2} - x \frac{dy}{dx} = \frac{d^2y}{dz^2} - \frac{dy}{dz} \tag{iii}$$

これを原式に用いると,

$$\frac{d^2y}{dz^2} - 2 \frac{dy}{dz} + y = 2z \tag{iv}$$

この(iv)式に対し, $y = Y + pz + q$ とおくと $\dfrac{dy}{dz} = \dfrac{dY}{dz} + p$, $\dfrac{d^2y}{dz^2} = \dfrac{d^2Y}{dz^2}$ となり,

(iv)式は

$$\frac{d^2Y}{dz^2} - 2 \frac{dY}{dz} + Y + pz + q - 2p = 2z$$

ここで, $p = 2$, $q - 2p = 0$, $q = 2p = 2 \times 2 = 4$ とおくと,

$y = Y + 2z + 4$ となり,

$$\frac{d^2Y}{dz^2} - 2 \frac{dY}{dz} + Y = 0$$

$Y = \varepsilon^{\alpha z}$ とおくと $\varepsilon^{\alpha z}(\alpha^2 - 2\alpha + 1) = \varepsilon^{\alpha z}(\alpha - 1)^2 = 0$ となり，Yの一つの根は $\alpha = 1$ の $Y = \varepsilon^z$ であり，3・2の【1】で述べたように他の1根は $Y = z\varepsilon^z$ になるので

$$y = Y + 2z + 4 = A\varepsilon^z + Bz\varepsilon^z + 2z + 4$$
$$= A\varepsilon^{\log x} + B\log x \cdot \varepsilon^{\log x} + 2\log x + 4$$
$$= Ax + (Bx + 2)\log x + 4$$

ただし，$\varepsilon^{\log x} = u$ とおくと $\log u = \log x$ になり，$u = x$ になる．
これが与えられた変係数をもつ微分方程式の一般解である．

〔例4〕 $\dfrac{d^2 y}{dx^2} + \dfrac{a_1}{x}\dfrac{dy}{dx} + \dfrac{a_0}{x^2}y = 0$ の一般解を求める．

いま，$y = x^m$ とおくと $\dfrac{dy}{dx} = mx^{m-1}$, $\dfrac{d^2 y}{dx^2} = m(m-1)x^{m-2}$

となり，これらを原式に入れると

$$\{m(m-1) + a_1 m + a_0\}x^{m-2} = 0$$

特性方程式 となり{ }内が特性方程式であって，これは明らかにmに関する2次方程式

$$m^2 + (a_1 - 1)m + a_0 = 0$$

になるので

$$\left.\begin{matrix}\alpha\\\beta\end{matrix}\right\} = -\frac{1}{2}(a_1 - 1) \pm \frac{1}{2}\sqrt{(a_1 - 1)^2 - 4a_0}$$

とすると，与えられた変係数の微分方程式の一般解は

$$y = Ax^\alpha + Bx^\beta$$

としてあらわされる．

4 級数展開による微分方程式の解き方

　微分方程式の解を級数によって近似的にあらわすことができる．すなわち，微分方程式の解が級数の形に展開できたものとし，これにその微分方程式のもつ条件を適用して級数各項の係数を算定してその形をととのえる．以下，その手順を実例について説明しよう．

〔例1〕　$\dfrac{d^2y}{dx^2} - x\dfrac{dy}{dx} - y = 0$　を級数に展開して解く．

この微分方程式の解が次のような無限級数であらわされると仮定する．

$$y = a_0 + a_1x + a_2x^2 + a_3x^3 + a_4x^4 + a_5x^5 + \cdots\cdots \qquad (\mathrm{i})$$

一方，与えられた微分方程式は

$$\dfrac{d^2y}{dx^2} = y + x\dfrac{dy}{dx}$$

となるので，(i)式をxについて2回微分したものは，(i)式と(i)式を1回微分してxを乗じたものの和に等しいので

$$2a_2 + 2\cdot3a_3x + 3\cdot4a_4x^2 + 4\cdot5a_5x^3 + 5\cdot6a_6x^4 + \cdots\cdots$$
$$= a_0 + a_1x + a_2x^2 + a_3x^3 + a_4x^4 + a_5x^5 + \cdots\cdots$$
$$\quad + a_1x + 2a_2x^2 + 3a_3x^3 + 4a_4x^4 + 5a_5x^5 + \cdots\cdots$$

この両辺のxの同次数の項の係数を等しいとおくと，

$$2a_2 = a_0,$$
$$2\cdot3a_3 = 2a_1 \,(3a_3 = a_1),$$
$$3\cdot4a_4 = 3a_2 \,(4a_4 = a_2),$$
$$4\cdot5a_5 = 4a_3 \,(5a_5 = a_3),$$
$$5\cdot6a_6 = 5a_4 \,(6a_6 = a_4), \cdots\cdots$$

などとなるので，

$$a_2 = \dfrac{a_0}{2}, \quad a_4 = \dfrac{a_2}{4} = \dfrac{a_0}{2\cdot4}, \quad a_6 = \dfrac{a_4}{6} = \dfrac{a_0}{2\cdot4\cdot6}, \cdots\cdots$$
$$a_3 = \dfrac{a_1}{3}, \quad a_5 = \dfrac{a_3}{5} = \dfrac{a_1}{3\cdot5}, \quad a_7 = \dfrac{a_5}{7} = \dfrac{a_1}{3\cdot5\cdot7}, \cdots\cdots$$

という関係が成立するので，与えられた微分方程式の一般解は次の無限級数で与えられる．

$$y = a_0\left(1 + \dfrac{x^2}{2} + \dfrac{x^4}{2\cdot4} + \dfrac{x^6}{2\cdot4\cdot6} + \dfrac{x^8}{2\cdot4\cdot6\cdot8} + \cdots\cdots\right)$$
$$\quad + a_1\left(x + \dfrac{x^3}{3} + \dfrac{x^5}{3\cdot5} + \dfrac{x^7}{3\cdot5\cdot7} + \dfrac{x^9}{3\cdot5\cdot7\cdot9} + \cdots\cdots\right)$$

[例2] $\dfrac{d^2y}{dx^2} = \varepsilon^x y^2$ を級数展開によって解く.

前例と同様にその一般解が
$$y = a_0 + a_1 x + a_2 x^2 + a_3 x^3 + a_4 x^4 + a_5 x^5 + \cdots\cdots$$
で与えられるものと仮定すると
$$\dfrac{d^2y}{dx^2} = 2a_2 + 6a_3 x + 12a_4 x^2 + 20a_5 x^3 + \cdots\cdots \tag{i}$$
また一方において,
$$\varepsilon^x = 1 + x + \dfrac{x^2}{2} + \dfrac{x^3}{6} + \cdots\cdots$$
$$y^2 = a_0^2 + 2a_0 a_1 x + (2a_0 a_2 + a_1^2) x^2 + (2a_0 a_3 + 2a_1 a_2) x^3 + \cdots\cdots$$
$$\varepsilon^x y^2 = a_0^2 + (2a_0 a_1 + a_0^2) x + \left(2a_0 a_2 + a_1 a_2 + 2a_0 a_1 + \dfrac{a_0^2}{2}\right) x^2$$
$$+ \left(2a_0 a_3 + 2a_1 a_2 + 2a_0 a_2 + a_1^2 + a_0 a_1 + \dfrac{a_0^2}{6}\right) x^3 + \cdots\cdots \tag{ii}$$

以上の(i)式と(ii)式を相等しいとおいて, x の同次数の項の係数を等しいとすると
$$2a_2 = a_0^2, \quad 6a_3 = 2a_0 a_1 + a_0^2,$$
$$12a_4 = 2a_0 a_2 + a_1^2 + 2a_0 a_1 + \dfrac{a_0^2}{2}$$
$$= a_0^3 + a_1^2 + 2a_0 a_1 + \dfrac{a_0^2}{2} + \cdots\cdots$$

$\therefore \quad y = a_0 + a_1 x + \dfrac{a_0}{2} x^2 + \dfrac{2a_0 a_1 + a_0^2}{6} x^3 + \dfrac{4a_0 a_2 + 2a_1^2 + 4a_0 a_1 + a_0^2}{24} x^4 + \cdots\cdots$

として一般解が求められる.

この式で a_0, a_1 は積分定数で, たとえば $x = 0$ で $y = 0$ であると $a_0 = 0$ になり, $dy/dx = 1$ とすると $a_1 = 1$ として与えられる.

[例3] $(1 - x^2)\dfrac{d^2y}{dx^2} - 2x\dfrac{dy}{dx} + m(m+1)y = 0$ を級数展開によって解く.

この微分方程式の解が
$$y = a_0 + a_1 x + a_2 x^2 + a_3 x^3 + a_4 x^4 + a_5 x^5 + \cdots\cdots \tag{i}$$
なる無限級数によって与えられるものとすると
$$\dfrac{d^2y}{dx^2} = x^2 \dfrac{d^2y}{dx^2} + 2x \dfrac{dy}{dx} - m(m+1)y \tag{ii}$$
を満足せねばならないので, 次の等式が成立する.

$$1 \cdot 2 a_2 + 2 \cdot 3 a_3 x + 3 \cdot 4 a_4 x^2 + 4 \cdot 5 a_5 x^3 + 5 \cdot 6 a_6 x^4 + \cdots\cdots$$
$$= -m(m+1)a_0 + \{1 \cdot 2 - m(m+1)\} a_1 x + \{2 \cdot 3 - m(m+1)\} a_2 x^2$$
$$+ \{3 \cdot 4 - m(m+1)\} a_3 x^3 + \{4 \cdot 5 - m(m+1)\} a_4 x^4 + \cdots\cdots$$
$$+ \{n(n+1) - m(m+1)\} a_n x^n + \cdots\cdots$$

4 級数展開による微分方程式の解き方

両辺の x の同次数の項の係数をまず偶数べきについて等しいとおくと

$$1\cdot 2a_2 = -m(m+1)a_0, \quad a_2 = -\frac{m(m+1)}{2!}a_0$$

$$3\cdot 4a_4 = \{2\cdot 3 - m(m+1)\}a_2 = -(m-2)(m+3)a_2$$

$$a_4 = -\frac{(m-2)(m+3)}{3\cdot 4}a_2 = \frac{(m-2)m(m+1)(m+3)}{4!}a_0$$

$$5\cdot 6a_6 = \{4\cdot 5 - m(m+1)\}a_4 = -(m-4)(m+5)a_4$$

$$a_6 = -\frac{(m-4)(m+5)}{5\cdot 6}a_4 = -\frac{(m-4)(m-2)m(m+1)(m+3)(m+5)}{6!}a_0$$

以上から類推されるように，一般に a_{2n} は

$$a_{2n} = (-1)^n \frac{(m-2n+2)(m-2n+4)\cdots m(m+1)\cdots(m+2n-1)}{(2n)!}a_0$$

また，奇数べきについて行うと

$$2\cdot 3a_3 = \{1\cdot 2 - m(m+1)\}a_1 = -(m-1)(m+2)a_1$$

$$a_3 = -\frac{(m-1)(m+2)}{3!}a_1$$

$$4\cdot 5a_5 = \{3\cdot 4 - m(m+1)\}a_3 = -(m-3)(m+4)a_3$$

$$a_5 = -\frac{(m-3)(m+4)}{4\cdot 5}a_3 = \frac{(m-3)(m-1)(m+2)(m+4)}{5!}a_1$$

一般に a_{2n+1} は

$$a_{2n+1} = (-1)^n \frac{(m-2n+1)(m-2n+3)\cdots(m-1)(m+2)\cdots(m+2n)}{(2n+1)!}a_1$$

これらを最初の y の（i）式に入れると

$$y = a_0\left(1 - \frac{m(m+1)}{2!}x^2 + \frac{(m-2)m(m+1)(m+3)}{4!}x^4 - \cdots\cdots\right)$$

$$+ a_1\left(x - \frac{(m-1)(m+2)}{3!}x^2 + \frac{(m-3)(m-1)(m+2)(m+4)}{5!}x^5 - \cdots\cdots\right)$$

この a_0，a_1 は前例と同様に積分定数に相当する．

ルジャンドルの方程式　　注：　本問の微分方程式をルジャンドル（Legendre）の方程式という．

このように微分方程式が無限級数の形で近似的にあらわされるためには，この級数は収束性 —— 項数が進むに従ってその項の数値が小さくなり，級数全体としての値がある定値に限りなく接近する性質 —— を持っていなければならない．

5 逐次近似法による微分方程式の解き方

これは与えられた微分方程式にやや近い解を求め，その解を逐次に補足して真の解に近づける方法である．例えば

$$\frac{d^2y}{dx^2}+k\sin x\frac{dy}{dx}+y=0 \qquad (\mathrm{i})$$

において，$x=0$ のとき $y=0$ で $\frac{dy}{dx}=1$ とし，k の値はきわめて小さいものとする．

まず $k=0$ とすると原式は

$$\frac{d^2y}{dx^2}+y=0$$

特性方程式 となり，その解は $y=\varepsilon^{\alpha x}$ とおくと，$\varepsilon^{\alpha x}(\alpha^2+1)=0$ となり，特性方程式の根は $\alpha=\pm\sqrt{-1}=\pm j$ となり，

$$y=A\varepsilon^{jx}+B\varepsilon^{-jx}=A(\cos x+j\sin x)+B(\cos x-j\sin x)$$
$$=(A+B)\cos x+j(A-B)\sin x=A_1\cos x+jB_1\sin x$$

になるが，与えられた初期条件は $x=0,\ y=0,\ \frac{dy}{dx}=1,\ A_1=0$ となり

$$y=jB_1\sin x,\ \frac{dy}{dx}=jB_1\cos x$$

これに $x=0,\ dy/dx=1$ を用いると $B_1=1/j$ になるので

$$y=\sin x\cdots\cdots \qquad (\mathrm{ii})$$

となる．これを（i）式の左辺の第2項に用いると

$$\frac{d^2y}{dx^2}+k\sin x\frac{d}{dx}\sin x+y=\frac{d^2y}{dx^2}+k\sin x\cos x+y=0$$

になる．この式を書直すと

$$\frac{d^2y}{dx^2}+y=-k\sin x\cos x=-\frac{k}{2}\sin 2x$$

ただし $\sin 2A=2\sin A\cos A$

いま $y=Y+p\cos 2x+q\sin 2x$ とおくと

$$\frac{d^2y}{dx^2}+y=\frac{d^2Y}{dx^2}+Y-3p\cos 2x-3q\sin 2x=-\frac{k}{2}\sin 2x$$

ここで $p=0,\ 3q=\frac{k}{2},\ q=\frac{k}{6}$ とおくと $y=Y+\frac{k}{6}\sin 2x$ になり，原式は

5 逐次近似法による微分方程式の解き方

$$\frac{d^2Y}{dx^2}+Y=0, \quad となり \quad Y=A\cos x+jB\sin x$$

$$y=A\cos x+jB\sin x+\frac{k}{6}\sin 2x$$

これに $x=0$, $y=0$, $\frac{dy}{dx}=1$ を用いると，$A=0$,

$$B=\left(1+j\frac{k}{3}\right)$$

になるので，

$$y=\left(1+j\frac{k}{3}\right)\sin x+\frac{k}{6}\sin 2x \qquad \text{(iii)}$$

逐次近似法 これをさらに，(i)式の第2項に入れると第3次の近似解がえられる．このように次第に近似解を真の解に近づけていくのが**逐次近似法**である．

6 微分方程式の数値解法と図式解法

数値解法
図式解法

微分方程式の解を関数の形で求めず数値そのものを直接に求める方法を**数値解法**といい，図解によって略近的に解を求める方法を**図式解法**と称し，各種各様の方法が考案されているが，今日では常微分方程式の数値なりグラフは電子計算機によって求められ，これらの解法を用いることはまれなので，ここでは，それらの方法の概念だけを述べることにした．

たとえば $\dfrac{dy}{dx}=f(x, y)$ であらわされる1階微分方程式について考えると，図6・1に示したように $x=x_0$ のとき $y=y_0$ —— $P_0(x_0, y_0)$ —— なる初期条件が与えられたとする．このxがhだけ増して (x_0+h) になったときのyの増加は，近似的にhにそのときの $\dfrac{dy}{dx}$ を乗じたものになる．このときの $\dfrac{dy}{dx}$ は与えられた微分方程式が示すように $x=x_0$ では $f(x_0, y_0)$ になる．

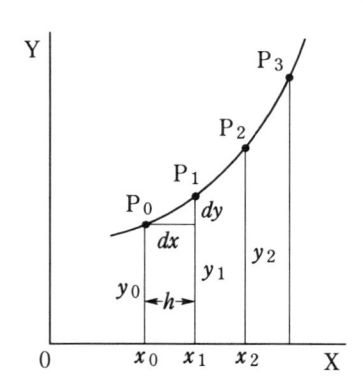

図6・1 数値計算法の概念

ゆえに $x_1=x_0+h$ のとき $y_1 \fallingdotseq y_0+hf(x_0, y_0)$ によって与えられる．これは曲線上の $P_1(x_0+h, y_1)$ 点に相当する．さらにP_1点を前のP_0点と考えて $x_2=x_0+h+h=x_0+2h$ をとって考えると，

$$y_2 \fallingdotseq y_1+hf(x_1, y_1)$$

となる．このようにして計算を進めると解の数値がつぎつぎと定められる．実際には，この方法をさらに精密にするように各種の工夫がされているが，ここではその一つを紹介しよう．

以上でy_1を求めるときに用いた微係数の値は $f(x_0, y_0)$ で，P_0点における値であって，このようにして求められたyの増分は $\Delta y_1=f(x_0, y_0)h$ であった．そこで微係数の値として図6・2に示したようにP_0点とP_1点の中間のP_m点での値をとると，この増分はさらに精度を増し，

$$\Delta y_2=f\left(x_0+\dfrac{h}{2},\ y_0+\dfrac{\Delta y_1}{2}\right)h$$

6 微分方程式の数値解法と図式解法

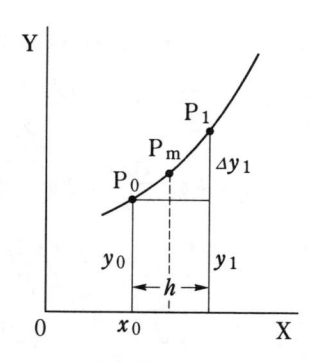

図6・2 精密法

になる．さらに，このΔy_2を用いてP_m点の位置を修正すると，Δy_2がさらに修正されΔy_3となり

$$\Delta y_3 = f\left(x_0 + \frac{h}{2},\ y_0 + \frac{\Delta y_2}{2}\right)h$$

となる．こうするとP_1点の位置は $(x_0 + h,\ y_0 + \Delta y_3)$ になり，この点での微係数を用いた増分は

$$\Delta y_4 = f(x_0 + h,\ y_0 + \Delta y_3)h$$

となり，これらの増分のうち精密なのはΔy_2とΔy_3であって，これらをそれぞれ2倍して以上の増分の平均値を求めると

$$\Delta y = \frac{1}{6}(\Delta y_1 + 2\Delta y_2 + 2\Delta y_3 + \Delta y_4) \qquad \therefore\quad y_1 = y_0 + \Delta y$$

というようにしてy_1の値を求める．このことをつぎつぎとおし進めて微分方程式の数値を求める．

たとえば $\dfrac{dy}{dx} = 2x^2 + 3y$ において $x = 0$ のとき $y = 1$ として，$x = 0.1$ のときのyを求めるには，この場合の $f(x,\ y) = 2x^2 + 3y$ であって

$$f(x_0,\ y_0) = f(0,\ 1) = 0 + 3 \times 1 = 3$$

となり $h = 0.1$ となるので，

$$\Delta y_1 = f(x_0,\ y_0)h = 3 \times 0.1 = 0.3$$

$$\Delta y_2 = f\left(0 + \frac{0.1}{2},\ 1 + \frac{0.3}{2}\right) \times 0.1 = (2 \times 0.05^2 + 3 \times 1.15) \times 0.1 = 0.3455$$

$$\Delta y_3 = f\left(0 + \frac{0.1}{2},\ 1 + \frac{0.3455}{2}\right) \times 0.1 = (2 \times 0.05^2 + 3 \times 1.17275) \times 0.1 = 0.3513$$

$$\Delta y_4 = f(0 + 0.1,\ 1 + 0.3513) \times 0.1 = (2 \times 0.1^2 + 3 \times 1.3513) \times 0.1 = 0.4074$$

$$\Delta y = \frac{1}{6}(0.3 + 2 \times 0.3455 + 2 \times 0.3513 + 0.4074) = 0.3502$$

すなわち $x = 0.1$ での $y = 1 + \Delta y = 1.3502$ になる．

また，微分方程式が

$$\frac{dx}{dt} = f(t,\ x,\ y), \qquad \frac{dy}{dt} = g(t,\ x,\ y)$$

のような連立方程式の形で与えられているとき，その初期条件を $t = t_0$ で $x = x_0,\ y = y_0$ とするとtがhだけ増加したときの$x,\ y$の値は前と同様にして$\Delta x,\ \Delta y$，それぞれに前の手法を適用して，

6 微分方程式の数値解法と図式解法

$$\Delta x_1 = f(t_0, x_0, y_0)h, \quad \Delta y_1 = g(t_0, x_0, y_0)h$$

$$\Delta x_2 = f\left(t_0 + \frac{h}{2}, x_0 + \frac{\Delta x_1}{2}, y_0 + \frac{\Delta y_1}{2}\right)h$$

$$\Delta y_2 = g\left(t_0 + \frac{h}{2}, x_0 + \frac{\Delta x_1}{2}, y_0 + \frac{\Delta y_1}{2}\right)h$$

$$\Delta x_3 = f\left(t_0 + \frac{h}{2}, x_0 + \frac{\Delta x_2}{2}, y_0 + \frac{\Delta y_2}{2}\right)h$$

$$\Delta y_3 = g\left(t_0 + \frac{h}{2}, x_0 + \frac{\Delta x_2}{2}, y_0 + \frac{\Delta y_2}{2}\right)h$$

$$\Delta x_4 = f(t_0 + h, x_0 + \Delta x_3, y_0 + \Delta y_3)h$$

$$\Delta y_4 = g(t_0 + h, x_0 + \Delta x_3, y_0 + \Delta y_3)h$$

$$\Delta x = \frac{1}{6}(\Delta x_1 + 2\Delta x_2 + 2\Delta x_3 + \Delta x_4)$$

$$\Delta y = \frac{1}{6}(\Delta y_1 + 2\Delta y_2 + 2\Delta y_3 + \Delta y_4)$$

$$\therefore \quad x = x_0 + \Delta x, \quad y = y_0 + \Delta y$$

というように求められ，これを逐次に進めて行くと，この連立微分方程式の数値が求められる．

さらに2階の微分方程式が

$$\frac{d^2 y}{d x^2} = f\left(x, y, \frac{dy}{dx}\right)$$

で与えられたとき，初期条件を $x = x_0$ のとき $y = y_0$ および $\frac{dy}{dx} = p_0$ として $p = \frac{dy}{dx}$ の値を前と同様に計算してみよう．x の増分を h とすると

$$\Delta y_1 = p_0 h, \qquad \Delta p_1 = f(x_0, y_0, p_0)h$$

$$\Delta y_2 = \left(p_0 + \frac{\Delta p_1}{2}\right)h, \quad \Delta p_2 = f\left(x_0 + \frac{h}{2}, y_0 + \frac{\Delta y_1}{2}, p_0 + \frac{\Delta p_1}{2}\right)h$$

$$\Delta y_3 = \left(p_0 + \frac{\Delta p_2}{2}\right)h, \quad \Delta p_3 = f\left(x_0 + \frac{h}{2}, y_0 + \frac{\Delta y_2}{2}, p_0 + \frac{\Delta p_2}{2}\right)h$$

$$\Delta y_4 = \left(p_0 + \frac{\Delta p_3}{2}\right)h, \quad \Delta p_4 = f(x_0 + h, y_0 + \Delta y_3, p_0 + \Delta p_3)h$$

$$\therefore \quad y + y_0 = \frac{1}{6}(\Delta y_1 + 2\Delta y_2 + 2\Delta y_3 + \Delta y_4)$$

$$p + p_0 = \frac{1}{6}(\Delta p_1 + 2\Delta p_2 + 2\Delta p_3 + \Delta p_4)$$

というようにして数値計算ができる．

次に微分方程式の図式解法の1例を説明しよう．いま，与えられた微分方程式を整理して

$$\frac{dy}{dx} = f(x, y)$$

の形が得られたとし，この右辺に任意の定数 k_1 を与えた $f(x, y) = k_1$ が画く曲線を図6・3の k_1 とする．

6 微分方程式の数値解法と図式解法

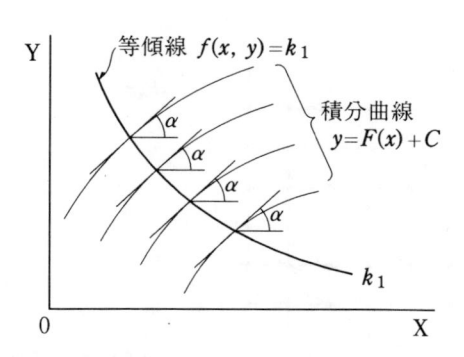

図6・3 等傾線と積分曲線

積分曲線 一方，この微分方程式の解 $y = F(x) + c$（c：積分定数）が画く曲線群を積分曲線というが，これが図のような形をとるものと仮定する．さてこの k_1 曲線上のどの点をとってみても作図より

$$\frac{dy}{dx} = f(x, y) = k_1 = \tan\alpha$$

等傾線 になるので，これを**等傾線**と称する．この等傾線と積分曲線の交点で積分曲線に接線を引き，その傾角（方向係数）を α とすると $\tan\alpha$ は $\tan\alpha = \dfrac{dy}{dx}$ となって上式を満足させるので，k_1 曲線と交わる積分曲線のことごとくの接線はすべて平行でその傾角は α である．

そこで図6・4のように k の各種の値 $k_1, k_2, k_3 \cdots$ に対応する等傾線 $f(x, y) = k_1, f(x, y) = k_2, f(x, y) = k_3 \cdots$ を画いて，それらの線上に傾角（方向係数）$\alpha_1 = \tan^{-1} k_1, \alpha_2 = \tan^{-1} k_2, \alpha_3 = \tan^{-1} k_3 \cdots$ をもつ短小な線分群を記入する．

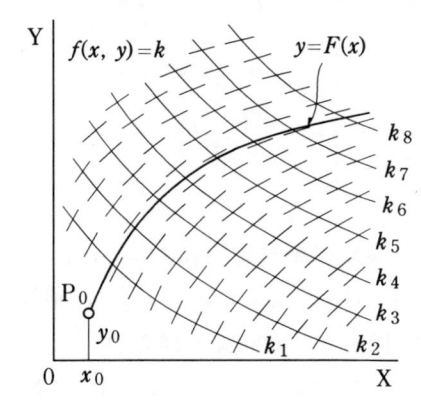

図6・4 図式解法の1例

方向線素群 これが既述したように微分方程式の無数の解を示す**方向線素群**である．さて，この微分方程式に与えられた初期条件を $x = x_0$ で $y = y_0$ とすると，これに対応する P_0 点の座標は (x_0, y_0) になる．この P_0 から，そのもっとも近くにある方向線素に平行に小さな線分を引く．その線分の端から，そのもっとも接近した方向線素に平行に小さな線分を書き加える．このように線分をつぎ足して行くと太線に示したような一つの曲線が得られる．これは与えられた初期条件をもつ微分方程式の解 $y = F(x)$ をあらわしている．

初期条件を変えると P_0 点が移動し，解の曲線も移動する――なお，この等傾線を曲線にあらわすことが困難であるとか手数を要するときは，図6・5に示したように xy 平面を方眼目盛に区分し，その交点毎の各 x, y の値に対応する $f(x, y) = k = \tan\alpha$ を計算して方向線素を交点毎に引くようにすればよい．

6 微分方程式の数値解法と図式解法

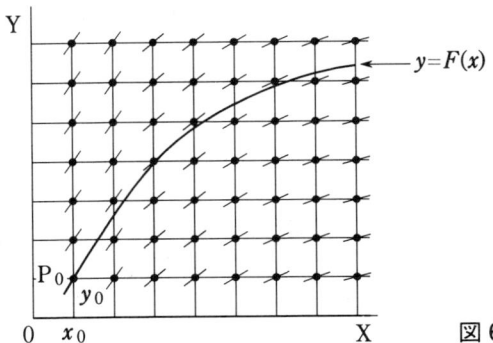

図6·5 等傾線の画けないとき

例えば

$$\frac{dy}{dx} = x^2 + y^2 \quad x = 0 \quad で \quad y = 0$$

なる微分方程式を図式で解くには，前述で $f(x, y) = x^2 + y^2 = k$ となり，この等傾線は原点0を中心とし半径 $\sqrt{k}$ なる円になるので，$k_1, k_2, k_3\cdots$ に対応する等傾線を画くと図6·6に示したように半径 $\sqrt{k_1}, \sqrt{k_2}, \sqrt{k_3}\cdots$ を持った同心円になる．

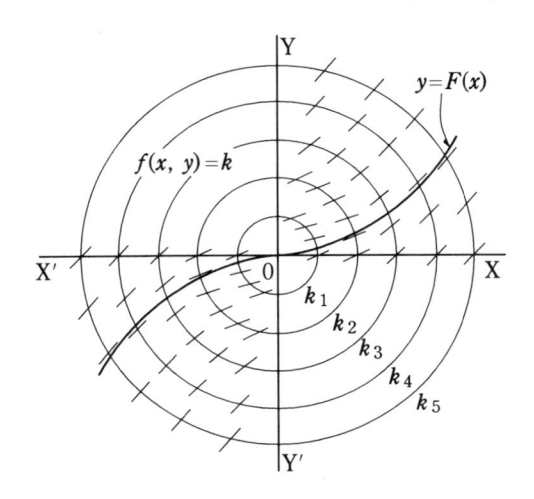

図6·6 図式解法の実例

そこで半径 $\sqrt{k_1}$ なる等傾線を示す円周上に $\alpha_1 = \tan^{-1} k_1$ に相当する方向線素を画き，同様に k_2 円周上には $\alpha_2 = \tan^{-1} k_2$ に相当する方向線素を画くというようにして k_5 円周上まで行って，方向線素群を画く．

一方，初期条件より，この場合の $P_0(0, 0)$ で原点になるので，これを出発点として前述した要領で曲線を画くと図の太線のようになる．これは明らかに $x = 0$ で $y = 0$ なる初期条件をもつ与えられた微分方程式の解 $y = F(x)$ をあらわしている．

以上の数値解法を仮に「くりこみ法」，図式解法を「等傾法」と名づけておこう．これらの解法は高い精度は有していないが，工学上において概ねの数値を知りたい場合には重宝である．

7 微分方程式の応用例題

【例題1】

図7・1のような抵抗Rおよびr, 静電容量Cを接続した回路にスイッチSを入れて直流電圧Eを加えたときCの電流i_1, rの電流i_2, Rの電流iが時間とともにいかに変化するかを求めよ.

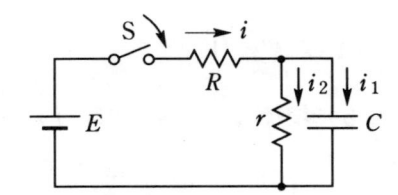

図7・1 直流回路投入

【解答】

Sを投入した瞬間を時間tの起点 $t=0$ とし,任意の瞬間のCの電荷をqとすると,充電の場合だから

Cの電流i_1は, $i_1 = \dfrac{dq}{dt}$

rにかかる電圧はq/Cだからrの電流

$$i_2 = \dfrac{q}{rC}$$

Rの電流は,

$$i = i_1 + i_2 = \dfrac{dq}{dt} + \dfrac{q}{rC}$$

したがって

$$Ri + \dfrac{q}{C} = R\dfrac{dq}{dt} + \dfrac{Rq}{rC} + \dfrac{q}{C} = E$$

この両辺をRで除して整理すると

$$\dfrac{dq}{dt} + \dfrac{R+r}{RrC} q = \dfrac{E}{R}$$

なる微分方程式を得る.これは本文の(2・1)式の形になるので,その解は(2・2)式で与えられ $P = \dfrac{R+r}{RrC}$ に $Q = \dfrac{E}{R}$ に相当し,yはq, xはtに対応するので

$$q = \varepsilon^{-\int \frac{R+r}{RrC} dt} \left(\int \dfrac{E}{R} \varepsilon^{-\int \frac{R+r}{RrC} dt} dt + k \right)$$

$$= \varepsilon^{-\frac{R+r}{RrC} t} \left(\dfrac{E}{R} \int \varepsilon^{\frac{R+r}{RrC} t} dt + k \right)$$

$$= \varepsilon^{-\frac{R+r}{RrC} t} \left(\dfrac{E}{R} \times \dfrac{RrC}{R+r} \varepsilon^{\frac{R+r}{RrC} t} + k \right)$$

$$= \frac{ErC}{R+r} + k\varepsilon^{-\frac{R+r}{RrC}t}$$

いま $t=0$ のとき $q=0$ とすると, $k=-\frac{ErC}{R+r}$ となり

$$q = \frac{ErC}{R+r}\left(1-\varepsilon^{-\frac{R+r}{RrC}t}\right)$$

この q をもとにして各部の電流を求めると

$$i_1 = \frac{dq}{dt} = \frac{ErC}{R+r} \times \frac{R+r}{RrC}\varepsilon^{-\frac{R+r}{RrC}t} = \frac{E}{R}\varepsilon^{-\frac{R+r}{RrC}t}$$

したがって, i_1 は時間とともに減少し, $t=\infty$ で0になる.

$$i_2 = \frac{q}{rC} = \frac{E}{R+r}\left(1-\varepsilon^{-\frac{R+r}{RrC}t}\right)$$

したがって i_2 は時間とともに増加し, $t=\infty$ で $i_2 = E/(R+r)$ になる.

$$i = i_1 + i_2 = E\left\{\frac{1}{R+r} + \left(\frac{1}{R}-\frac{1}{R+r}\right)\varepsilon^{-\frac{R+r}{RrC}t}\right\}$$

$$= E\left(\frac{1}{R+r} + \frac{r}{R(R+r)}\varepsilon^{-\frac{R+r}{RrC}t}\right)$$

となって図7·2のように時間とともに減少して $t=\infty$ では i_2 と等しく, $i = E/(R+r)$ になる.

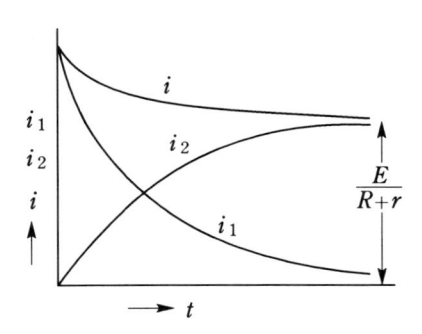

図7·2 電流の変化状況

本例は漏れ抵抗 r を有するコンデンサを抵抗 R を通じて充電した場合である.

【例題2】

抵抗 R, 静電容量 C およびインダクタンス L を図7·3のように接続した回路において, t を時間とし $t<0$ のとき L に流れる電流と C の端子電位差とはいずれも0とする. $t=0$ の瞬間に S_1 を閉じ, 次に T 秒後に S_2 を閉じるものとする. $0<t<T$ および $t>T$ のおのおのの場合において, L に流れる電流 i の過渡値を求めよ.

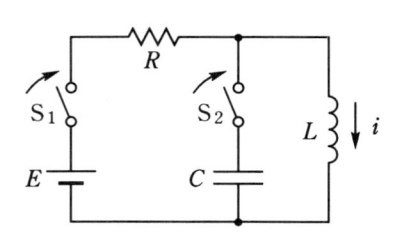

図7·3 直流回路投入

7 微分方程式の応用例題

【解答】

(1) $0<t<T$のとき；この場合の回路の電圧，電流に関する微分方程式は

$$L\frac{di}{dt}+Ri=E$$

となり，その解は1の(iii)式になるので

$$i=\frac{E}{R}\left(1-\varepsilon^{-\frac{R}{L}t}\right)$$

となり，$t=T$におけるiの値をI_T，$L(di/dt)$の値をE_Tとすると，

$$I_T=\frac{E}{R}\left(1-\varepsilon^{-\frac{R}{L}T}\right)$$

$$E_T=L\frac{di}{dt}=L\times\frac{E}{R}\cdot\frac{R}{L}\varepsilon^{-\frac{R}{L}T}=E\varepsilon^{-\frac{R}{L}T}$$

(2) $T<t$のとき；このときの電流分布を図7・4のように仮定しCの電荷をqとすると，図上から明らかなように

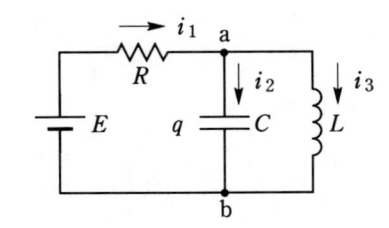

図7・4　電流分布

$$i_1=i_2+i_3 \tag{i}$$

$$E_{ab}=E-Ri_1=\frac{q}{C}=L\frac{di_3}{dt} \tag{ii}$$

$$i_2=\frac{dq}{dt} \tag{iii}$$

の連立微分方程式が成立する．(ii)式から

$$i_1=\frac{1}{R}\left(E-L\frac{di_3}{dt}\right),\quad \frac{q}{C}=L\frac{di_3}{dt},\quad q=LC\frac{di_3}{dt}$$

(iii)式より

$$i_2=\frac{dq}{dt}=LC\frac{d^2i_3}{dt^2}$$

これらを(i)式に入れると

$$\frac{E}{R}-\frac{L}{R}\frac{di_3}{dt}=LC\frac{d^2i_3}{dt^2}+i_3$$

$$LC\frac{d^2i_3}{dt^2}+\frac{L}{R}\frac{di_3}{dt}+i_3=\frac{E}{R}$$

この両辺をLCで除すと，

$$\frac{d^2i_3}{dt^2}+\frac{1}{RC}\frac{di_3}{dt}+\frac{1}{LC}i_3=\frac{E}{LRC}$$

となり，(3・10)式の場合になり　aは$\frac{1}{RC}$，bは$\frac{1}{LC}$，kは$\frac{1}{LRC}$に相当し，xはt

に y は i_3 に対応するので，その解は $(3\cdot 11)$ 式で与えられ

$$i_3 = A\varepsilon^{\alpha t} + B\varepsilon^{\beta t} + \frac{E}{R}$$

ただし， $\left.\begin{array}{l}\alpha \\ \beta\end{array}\right\} = -\frac{1}{2RC} \pm \sqrt{\left(\frac{1}{2RC}\right)^2 - \frac{1}{LC}}$

また $\dfrac{k}{b} = \dfrac{E}{LRC} \times LC = \dfrac{E}{R}$ になる．

いま，時間を $t = T$ の瞬間からとることにすると， $t = 0$ に対し， $i_3 = I_T$ となるので

$$I_T = A + B + \frac{E}{R}$$

なお

$$q = LC\frac{di_3}{dt} = LC(\alpha A\varepsilon^{\alpha t} + \beta B\varepsilon^{\beta t})$$

この q は $t = 0$ において $q = 0$ だから

$$0 = \alpha A + \beta B$$

この二つから A, B を定めると

$$A = \frac{\beta}{\beta - \alpha}\left(I_T - \frac{E}{R}\right), \quad B = \frac{\alpha}{\alpha - \beta}\left(I_T - \frac{E}{R}\right)$$

したがって

$$i_3 = \frac{E}{R} + \frac{\left(\dfrac{E}{R} - I_T\right)}{\alpha - \beta}(\beta\varepsilon^{\alpha t} - \alpha\varepsilon^{\beta t})$$

となるが前に求めたように，

$$I_T = \frac{E}{R} - \frac{E}{R}\varepsilon^{-\frac{R}{L}T} = \frac{E}{R} - \frac{E_T}{R}, \quad \frac{E}{R} - I_T = \frac{E_T}{R}$$

また $\alpha - \beta = 2\sqrt{\left(\dfrac{1}{2RC}\right)^2 - \dfrac{1}{LC}} = 2n$

なお，このときの t は $T + t$ に相当するので，この場合の i_3 の式は

$$i_3 = \frac{E_T}{2Rn}\{\beta\varepsilon^{\alpha(T+t)} - \alpha\varepsilon^{\beta(T+t)}\}$$

となる．

注： すでに $(3\cdot 6)(3\cdot 7)(3\cdot 8)$ 式で示したように， n の値が $R < \dfrac{1}{2}\sqrt{\dfrac{L}{C}}$ のとき， $R > \dfrac{1}{2}\sqrt{\dfrac{L}{C}}$ のとき， $R = \dfrac{1}{2}\sqrt{\dfrac{L}{C}}$ のときによって i_3 の式の形もその過渡状態もちがってくる．読者自からそれぞれの場合を計算して，これをグラフに画いてみられよ．

【例題3】

図7・5のような回路でまず S_1 を閉じたとき L_1 に流入する過渡電流を求め，これが定常状態に達した後， S_2 を閉じたとき L_1, L_2 を通る過渡電流を求めよ．ただし，

7 微分方程式の応用例題

直流電源の電圧をEとし，r，Rは抵抗，L_1，L_2はコイルの自己インダクタンス，Mは相互インダクタンスとし，その他の回路定数は無視する．

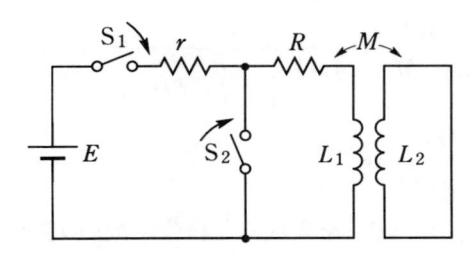

図7・5 直流回路投入・短絡

【解答】

(1) S_1のみを投入したとき；L_1の電流をi_1，L_2の電流をi_2とすると次の連立微分方程式が成立する．

$$L_1\frac{di_1}{dt} - M\frac{di_2}{dt} + (R+r)i_1 = E \tag{i}$$

$$L_2\frac{di_2}{dt} - M\frac{di_1}{dt} = 0 \tag{ii}$$

この(ii)式より $\dfrac{di_2}{dt} = \dfrac{M}{L_2}\dfrac{di_1}{dt}$ を得て，(i)式に代入すると

$$\left(L_1 - \frac{M^2}{L_2}\right)\frac{di_1}{dt} + (R+r)i_1 = E$$

$$\frac{di_1}{dt} + \frac{R+r}{L_1-(M^2/L_2)}i_1 = \frac{E}{L_1-(M^2/L_2)}$$

となって，【例1】と同様に(2・1)式の形になるので，その解は(2・2)式によって与えられ

$$i_1 = \varepsilon^{-\int \alpha_1 dt}\left\{\int \frac{E}{L_1-(M^2/L_2)}\varepsilon^{\int \alpha_1 t dt}dt + k\right\}$$

$$= \varepsilon^{-\alpha_1 t}\left\{\frac{E}{L_1-(M^2/L_2)} \times \frac{L_1-(M^2/L_2)}{R+r}\varepsilon^{\alpha_1 t} + k\right\}$$

$$= \frac{E}{R+r} + k\varepsilon^{-\alpha_1 t}$$

ただし $\alpha_1 = \dfrac{R+r}{L_1-(M^2/L_2)}$

これに初期条件 $t=0$ で $i_1=0$ を用いると

$$k = -\frac{E}{R+r}$$

$$i_1 = \frac{E}{R+r}\left(1 - \varepsilon^{\alpha_1 t}\right)$$

これが定常状態に達すると $I_1 = \dfrac{E}{R+r}$ となる．

次にL_2の電流i_2は(ii)式より

$$\frac{di_2}{dt} = \frac{M}{L_2}\frac{di_1}{dt} = \frac{ME}{L_2(R+r)} \times \frac{R+r}{L_1-(M^2/L_2)}\varepsilon^{-\alpha_1 t}$$

$$= \frac{ME}{L_2(L_1-M^2/L_2)}\varepsilon^{-\alpha_1 t}$$

$$\therefore \quad i_2 = \frac{ME}{L_2(L_1 - M^2/L_2)} \int \varepsilon^{-\alpha_1 t} dt + k$$

$$= \frac{ME}{L_2(L_1 - M^2/L_2)} \cdot \frac{\varepsilon^{-\alpha_1 t}}{-\dfrac{R+r}{L_1 - (M^2/L_2)}} + k$$

$$= -\frac{ME}{L_2(R+r)} \varepsilon^{-\alpha_1 t} + k$$

これに初期条件 $t=0,\ i_2=0$ を入れると積分定数 k の値が定まり

$$i_2 = \frac{ME}{L_2(R+r)}(1 - \varepsilon^{-\alpha_1 t})$$

ただし，この場合は $\dfrac{di_2}{dt} = \dfrac{M}{L_2}\dfrac{di_1}{dt}$ の関係より，直ちに $i_2 = \dfrac{M}{L_2}i_1$ とおいてもよい．

定常状態では $I_2 = \dfrac{ME}{L_2(R+r)}$ となる．

(2) S_2 を投入したとき； この時を時間の起点 $t=0$ にとり，L_1, L_2 に流れる電流を i_1, i_2 とすると，この場合の回路の微分方程式は

$$L_1 \frac{di_1}{dt} - M\frac{di_2}{dt} + Ri_1 = 0 \tag{i}$$

$$L_2 \frac{di_2}{dt} - M\frac{di_1}{dt} = 0 \tag{ii}$$

となるので，前と同様にこの(ii)式の $\dfrac{di_2}{dt}$ を(i)式に代入し

$$\left(L_1 - \frac{M^2}{L_2}\right)\frac{di_1}{dt} + Ri = 0$$

$$\therefore \quad i_1 = k\varepsilon^{-\alpha_2 t}, \quad \alpha_2 = \frac{R}{L_1 - (M^2/L_2)}$$

ただし，(2·2)式で $Q=0$ の場合は

$$y = \varepsilon^{-\int P dx} \times k = k\varepsilon^{-\int P dx}$$

になり，この場合の

$$P = \frac{R}{L_1 - (M^2/L_2)} = \alpha_2$$

になる．

これに初期条件 $t=0$ で $i_1 = I_1 = \dfrac{E}{R+r}$ を入れると

$$k = I_1 = \frac{E}{R+r} \quad \therefore \quad i_1 = \frac{E}{R+r}\varepsilon^{-\alpha_2 t}$$

というようになる．このときの L_2 の電流 i_2 も前と同様にして

$$\frac{di_2}{dt} = \frac{M}{L_2}\frac{di_1}{dt} = -\frac{ME}{L_2(R+r)} \times \frac{R}{L_1 - (M^2/L_2)}\varepsilon^{-\alpha_2 t}$$

$$i_2 = -\frac{ME}{L_2(R+r)} \times \frac{R}{L_1 - (M^2/L_2)} \int \varepsilon^{-\alpha_2 t} dt + k$$

$$= -\frac{ME}{L_2(R+r)} \times \frac{R}{L_1-(M^2/L_2)} \times \frac{\varepsilon^{-\alpha_2 t}}{-\frac{R}{L_1-(M^2/L_2)}} + k$$

$$= \frac{ME}{L_2(R+r)} \varepsilon^{-\alpha_2 t} + k$$

これに初期条件 $t=0$ で $i_2 = I_2 = \dfrac{ME}{L_2(R+r)}$ を入れると，$k=0$ になるので，この場合の L_2 の電流 i_2 は

$$i_2 = \frac{ME}{L_2(R+r)} \varepsilon^{-\alpha_2 t}$$

ただし，$\alpha_2 = \dfrac{R}{L_1-(M^2/L_2)}$

これが定常状態になると，$t=\infty$ とおいて，$i_1=0$，$i_2=0$ になる．

注：① (1)の場合に $i_2=0$ にならないのは，この回路に抵抗がなく，しかも L_1 側は引き続き電流が流れて付勢されているので，この側にエネルギーを移すこともなく，定常状態になっても電流は 0 にならない——L_2 側に抵抗があると減衰して 0 になる——．ところが，(2)の場合は定常状態で $i_2=0$ になったが，これは L_2 側のエネルギーが L_1 側に移って R で消費されるためである．

② L を含む回路はどのような瞬間にも電流は不連続に変化しない．すなわち $L(di/dt)$ から明らかなように電流を不連続に変化させるには無限大の起電力を要する．ただし，L に加わる電圧は不連続に変化できる．また C においてはその端子電圧，したがって電荷は不連続に変化できない．そうなるには無限大の電流が流れねばならない．しかし，その電流は不連続に変化できる．これらのことは初期条件を考えるときの重要な手がかりになる．

【例題4】

帯電電荷 Q_0〔C〕を有する静電容量 C〔F〕のコンデンサを抵抗 R〔Ω〕を通じて放電させるとき，その電気量が Q になるまでの時間〔s〕とその間に抵抗で消費されるエネルギー〔J〕を求めよ．

【解答】

放電 t 秒後の C の電荷を q とすると，C の端子電圧は q/C となり，回路の電流 i は

$$i = -\frac{dq}{dt} \quad \text{(放電の場合だから負号がつく)}$$

となり次式が成立する．

$$\frac{q}{C} = Ri = -R\frac{dq}{dt}, \quad \frac{1}{q}dq = -\frac{1}{CR}dt$$

この両辺を積分すると

$$\int \frac{1}{q}dq = -\frac{1}{CR}\int dt, \quad \log q = -\frac{1}{CR}t + k$$

この k は積分定数で初期条件 $t=0$，$q=Q_0$ を入れて，その値を定めると $k=\log Q_0$ になるので

$$\log q = -\frac{1}{CR}t + \log Q_0$$

$q = Q$ になるまでの時間 t_Q は

$$t_Q = CR(\log Q_0 - \log Q) = CR\log\frac{Q_0}{Q} \text{ [s]}$$

上記より，

$$\log\frac{q}{Q_0} = -\frac{1}{CR}t, \quad \frac{q}{Q_0} = \varepsilon^{-\frac{1}{CR}t}, \quad q = Q_0\varepsilon^{-\frac{1}{CR}t}$$

したがって回路の電流

$$i = -\frac{dq}{dt} = \frac{Q_0}{CR}\varepsilon^{-\frac{1}{CR}t}$$

抵抗 R に消費されるエネルギーの瞬時値は

$$P_R = i^2 R = \frac{Q_0^2}{C^2R^2}\varepsilon^{-\frac{2}{CR}t} \cdot R = \frac{Q_0^2}{C^2R}\varepsilon^{-\frac{2}{CR}t}$$

$t = 0$ から $t = t_Q$ までに消費されるエネルギーは

$$P_T = \int_0^{t_Q} P_R dt = \frac{Q_0^2}{C^2R}\int_0^{t_Q} \varepsilon^{-\frac{2}{CR}t} dt$$

$$= \frac{Q_0^2}{C^2R}\left[\frac{\varepsilon^{-\frac{2}{CR}t}}{-\frac{2}{CR}}\right]_0^{t_Q} = \frac{Q_0^2}{C^2R} \times \frac{CR}{2}\left(1 - \varepsilon^{-\frac{2}{CR}t_Q}\right)$$

$$= \frac{Q_0^2}{2C}\left(1 - \frac{Q^2}{Q_0^2}\right) = \frac{Q_0^2 - Q^2}{2C} \text{ [J]}$$

ただし，$\varepsilon^{-\frac{2}{CR}t_Q} = \varepsilon^{-\frac{2}{CR} \times CR\log\frac{Q_0}{Q}} = \varepsilon^{-2\log\frac{Q_0}{Q}} = \varepsilon^{\log\left(\frac{Q_0}{Q}\right)^{-2}}$

$$= \varepsilon^{\log\left(\frac{Q}{Q_0}\right)^2} = \left(\frac{Q}{Q_0}\right)^2$$

前にも記したように $\varepsilon^{\log a} = u$ とすると $\log a = \log u, u = a$ になる．

注：コンデンサに貯えられるエネルギーは $\frac{1}{2}CV^2 = \frac{1}{2}C\left(\frac{Q}{C}\right)^2 = \frac{Q^2}{2C}$ になり，当初は $\frac{Q_0^2}{2C}$ であり t_Q 秒後は $\frac{Q^2}{2C}$ で，この差が抵抗で消費されるエネルギーになる．

【例題5】

図7・6のような直流回路で，電池の電圧を E とし，これに定常電流を流しているとき，これをスイッチSで遮断した場合，ab間に発生する電圧の最大値を求めよ．ただし，インダクタンス L の抵抗は無視する．

7 微分方程式の応用例題

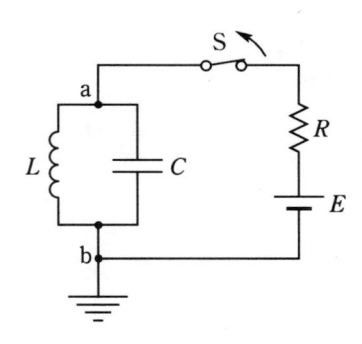

図7・6 直流回路の開放

【解答】

スイッチSを入れた定常状態ではLに抵抗がないのでCは短絡され，その電圧は0で電荷もない．Sを開放した当初はインダクタンスLの誘導電圧によりCが充電される．このときの充電電流 $i = dq/dt$ であって，Cの電荷をqとすると，次の微分方程式が成立する．

$$\frac{q}{C} + L\frac{di}{dt} = \frac{q}{C} + L\frac{d^2q}{dt^2} = 0$$

$$\frac{d^2q}{dt^2} + \frac{1}{LC}q = 0$$

となり，(3・5)式の下の(i)式でaが0のときに相当し，bは$\frac{1}{LC}$になり，yはqにxはtに対応し，その解は(3・6)式によって与えられる．すなわち，$q = A\varepsilon^{\alpha t}$とおくと上式は

$$\left(\alpha^2 + \frac{1}{LC}\right)A\varepsilon^{\alpha t} = 0$$

となり，$q = A\varepsilon^{\alpha t} \neq 0$とすると，上式が成立するためには $\alpha^2 + \frac{1}{LC} = 0$ とならねばならないので

$$\alpha = \pm j\frac{1}{\sqrt{LC}} = \pm j\omega, \quad \omega = \frac{1}{\sqrt{LC}}$$

となり，αには $+j\omega$ と $-j\omega$ の二つの根があるので，Aにもこれに対応した値がある．したがってqは，A_1, A_2を定数として

$$q = A_1\varepsilon^{+j\omega t} + A_2\varepsilon^{-j\omega t}$$

となる．このqを原方程式に代入するとこれを満足させる．

ここで初期条件 $t = 0, q = 0$ を入れると $A_2 = -A_1$ となり

$$q = A_1(\varepsilon^{+j\omega t} - \varepsilon^{-j\omega t}) = 2A_1\sin\omega t = A\sin\omega t$$

ただし $\sin x = \frac{1}{2}(\varepsilon^{+jx} - \varepsilon^{-jx})$

$$i = \frac{dq}{dt} = \omega A\cos\omega t$$

ここで $t = 0, i = E/R$ となるので $A = E/\omega R$ になる．

$$\therefore \quad q = \frac{E}{\omega R}\sin\omega t = \frac{\sqrt{LC}}{R}E\sin\frac{1}{\sqrt{LC}}t$$

ab間の端子電圧 $v = q/C$ となるので

$$v = \sqrt{\frac{L}{C}} \frac{E}{R} \sin \frac{1}{\sqrt{LC}} t$$

であって，v の最大値 V_m は上式で $\sin \dfrac{1}{\sqrt{LC}} t = 1$ のときで，その値は

$$V_m = \sqrt{\frac{L}{C}} \frac{E}{R}$$

となる．

> 注：本問は簡単に次のようにも解ける．定常状態で L に貯えられる
>
> $$\text{電磁エネルギー} = \frac{1}{2} L I^2 = \frac{1}{2} L \left(\frac{E}{R}\right)^2$$
>
> であって，S を開くと，この電磁エネルギーで C が充電され，L の電磁エネルギーが次第に C に移って静電エネルギーとして貯えられ，C の電圧を上昇させる．この v の最大値は L の電磁エネルギーのすべてが C に移って静電エネルギーとして貯えられたときで
>
> $$\frac{1}{2} L \left(\frac{E}{R}\right)^2 = \frac{1}{2} C V_m^2 \quad \therefore \quad V_m = \sqrt{\frac{L}{C}} \cdot \frac{E}{R}$$
>
> また L の最大電流 $I_m = \sqrt{C/L}\, V = E/R$ である．

【例題6】

図7・7のような抵抗 R, r, 自己インダクタンス L_1, L_2, 相互インダクタンス M および静電容量 C からなる回路がある．これに直流電圧 E を加え定常状態に達した後，スイッチ S を開いたとき L_1 に流れる過渡電流を求めよ．

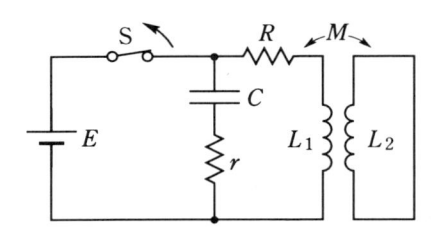

図7・7　直流回路の開放

【解答】

S を投入したとき，L_1 に流入する電流 i_1，L_2 の電流 i_2 は例3ですでに求めたように

$$i_1 = \frac{E}{R}(1 - \varepsilon^{\alpha_1 t})$$

$$i_2 = -\frac{ME}{L_2 R}(1 - \varepsilon^{\alpha_1 t}) \quad \text{ただし} \quad \alpha_1 = \frac{R}{L_1 - (M^2/L_2)}$$

また，C への流入電流は $i_3 = \dfrac{dq}{dt}$ になり，q については

$$r\frac{dq}{dt} + \frac{q}{C} = E \quad \frac{dq}{dt} + \frac{1}{rC} q = \frac{E}{r}$$

となって，(2・1) 式と同形になるので，その解は (2・2) 式より

$$q = \varepsilon^{-\int \frac{1}{rC}dt} \left(\int \frac{E}{r} \varepsilon^{\int \frac{1}{rC}dt} dt + k \right)$$

$$= \varepsilon^{-\frac{1}{rC}t} \left(\frac{E}{r} \times rC \varepsilon^{\frac{1}{rC}t} + k \right)$$

$$= CE + k\varepsilon^{-\frac{1}{rC}t}$$

これに初期条件 $t=0$ で $q=0$ を用いてkを定めると

$$q = CE \left(1 - \varepsilon^{-\frac{1}{rC}t} \right)$$

$$i_3 = \frac{dq}{dt} = CE \times \frac{1}{rC} \varepsilon^{-\frac{1}{rC}t} = \frac{E}{r} \varepsilon^{-\frac{1}{rC}t}$$

したがって $t=\infty$ の定常状態では，$i_1 = \frac{E}{R}$，$q = CE$ となり，$i_3 = 0$ になる．

次にスイッチSを開放した瞬間を時間の起点 $t=0$ にとり，任意の瞬間のL_1の電流をi_1，L_2の電流をi_2とすると，次の微分方程式が成立する．

$$L_1 \frac{di_1}{dt} - M \frac{di_2}{dt} + (R+r)i_1 + \frac{\int i_1 dt}{C} = 0$$

ただし，L_1の電圧によってCが充電されるものとし，i_1は $L_1 - C$ の回路を流れるものとした．

したがって

$$i_1 = \frac{dq}{dt}, \quad \int i_1 dt = \int dq = q$$

また，Cの端子電圧は

$$\frac{q}{C} = \int i \frac{dt}{C}$$

になる．上記の微分方程式をtについてさらに微分すると

$$L_1 \frac{d^2 i_1}{dt^2} - M \frac{d^2 i_2}{dt^2} + (R+r) \frac{di_1}{dt} + \frac{1}{C} i_1 = 0$$

また，L_2の側では $L_2 \frac{di_2}{dt} - M \frac{di_1}{dt} = 0$ となり，これをtについてさらに微分すると

$$L_2 \frac{d^2 i_2}{dt^2} - M \frac{d^2 i_1}{dt^2} = 0, \quad \frac{d^2 i_2}{dt^2} = \frac{M}{L_2} \frac{d^2 i_1}{dt^2}$$

これを前の微分方程式に入れて整理すると，

$$\frac{d^2 i_1}{dt^2} + \frac{R+r}{L_1 - (M^2/L_2)} \frac{di_1}{dt} + \frac{1}{C(L_1 - M^2/L_2)} i_1 = 0$$

となるので，(3・5)式の(i)式の場合と同形で，その解は(3・6)式で与えられ

$$i_1 = A\varepsilon^{\alpha t} + B\varepsilon^{\beta t}$$

ただし，$\left.\begin{matrix}\alpha\\\beta\end{matrix}\right\} = -\frac{R+r}{2(L_1 - M^2/L_2)} \pm \sqrt{\frac{1}{4}\left(\frac{R+r}{L_1 - M^2/L_2}\right)^2 - \frac{1}{C(L_1 - M^2/L_2)}}$

したがって q は

$$q = \int i_1 dt = \frac{A}{\alpha}\varepsilon^{\alpha t} + \frac{B}{\beta}\varepsilon^{\beta t}$$

これに初期条件 $t=0$ で $i_1 = \dfrac{E}{R}$, $q = CE$ を入れて A, B を決定すると

$$\frac{E}{R} = A + B, \quad CE = \frac{A}{\alpha} + \frac{B}{\beta} \quad \text{より},$$

$$A = \frac{\alpha E}{\alpha - \beta}\left(\frac{1}{R} - \beta C\right), \quad B = \frac{\beta E}{\beta - \alpha}\left(\frac{1}{R} - \alpha C\right)$$

これを i_1 の式に入れると次式のようになる.

$$i_1 = \frac{E}{\alpha - \beta}\left\{\left(\frac{\alpha}{R} - \alpha\beta C\right)\varepsilon^{\alpha t} - \left(\frac{\beta}{R} - \alpha\beta C\right)\varepsilon^{\beta t}\right\}$$

なお, α, β の式の根の判別式 D が $D = 0$, $D > 0$, $D < 0$ の各場合の i_1 の式を $(3 \cdot 7)$ $(3 \cdot 6)$ $(3 \cdot 8)$ の各式を参照して作ってみられよ.

【例題7】

図 $7 \cdot 8$ に示すような自己インダクタンス L_1, L_2, 相互インダクタンス M, 無誘導抵抗 R より構成される回路に交流電圧 $e = E_m \sin\omega t$ を加えたとき, t 秒後の流入電流を求めよ.

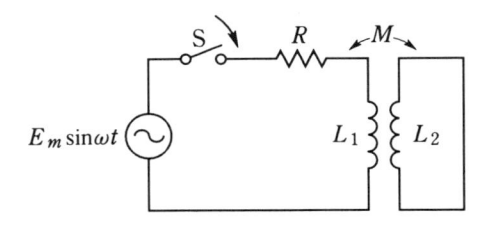

図 $7 \cdot 8$ 交流回路の投入

【解答】

L_1 側の電流を i_1, L_2 側の電流を i_2 とすると次の連立微分方程式が成立する.

$$L_1 \frac{di_1}{dt} - M\frac{di_2}{dt} + Ri_1 = E_m \sin\omega t \tag{i}$$

$$M\frac{di_1}{dt} - L_2\frac{di_2}{dt} = 0 \tag{ii}$$

(ii)式より (di_2/dt) を求めて, これを(i)式に入れて整理すると

$$\frac{di_1}{dt} + \left\{\frac{R}{L_1 - (M^2/L_2)}\right\}i_1 = \frac{E_m}{L_1 - (M^2/L_2)}\sin\omega t \tag{iii}$$

になる. この形は $(2 \cdot 1)$ 式に一致するので, その解は $(2 \cdot 2)$ 式によって与えられ,

$$i_1 = \varepsilon^{-\int \alpha dt}\left\{\int \frac{E_m}{L_1 - (M^2/L_2)}\sin\omega t \, \varepsilon^{\int \alpha dt} dt + k\right\}$$

$$= \varepsilon^{-\alpha t}\left\{\frac{E_m}{L_1 - (M^2/L_2)}\int \varepsilon^{\alpha t}\sin\omega t \, dt + k\right\}$$

ただし, $\alpha = \dfrac{R}{L_1 - (M^2/L_2)}$

また

$$\int \varepsilon^{ax} \sin px \, dx = \frac{\varepsilon^{ax}(a\sin px - p\cos px)}{a^2 + p^2}$$

$$= \varepsilon^{-\alpha t}\left[\frac{E_m}{L_1-(M^2/L_2)}\cdot\frac{\varepsilon^{\alpha t}\left\{\dfrac{R}{L_1-(M^2/L_2)}\sin\omega t - \omega\cos\omega t\right\}}{\dfrac{R^2}{(L_1-M^2/L_2)^2}+\omega^2}+k\right]$$

$$= \varepsilon^{-\alpha t}\left[\frac{\varepsilon^{\alpha t}\left\{R\sin\omega t - \omega(L_1-M^2/L_2)\cos\omega t\right\}}{R^2+\omega^2(L_1-M^2/L_2)^2}+k\right]$$

上式の{ }内は $M\sin(\omega t - \varphi) = M\sin\omega t\cos\varphi - M\cos\omega t\sin\varphi$ とおくと

$$R = M\cos\varphi, \quad \omega(L_1 - M^2/L_2) = M\sin\varphi$$

になり，両辺を2乗して加えてMを求めると

$$M = \sqrt{R^2 + \omega^2(L_1 - M^2/L_2)^2}$$

また，

$$\tan\varphi = \frac{M\sin\varphi}{M\cos\varphi} = \frac{\omega(L_1-M^2/L_2)}{R}, \quad \varphi = \arctan\frac{\omega(L_1-M^2/L_2)}{R}$$

となるので，i_1の式は

$$i_1 = \frac{E_m}{\sqrt{R^2+\omega^2(L_1-M^2/L_2)^2}}\sin(\omega t - \varphi) + k\varepsilon^{-\alpha t}$$

となる．これに初期条件 $t=0$ で $i_1 = 0$ を用いてkの値を定めると

$$i_1 = (1 - \varepsilon^{-\alpha t})\frac{E_m}{\sqrt{R^2+\omega^2(L_1-M^2/L_2)^2}}\sin(\omega t - \varphi)$$

ただし，前に示したように

$$\alpha = \frac{R}{L_1-(M^2/L_2)}, \quad \varphi = \arctan\frac{\omega(L_1-M^2/L_2)}{R}$$

なお，L_2側の電流i_2は

$$i_2 = \frac{M}{L_2}i_1 = (1-\varepsilon^{\alpha t})\frac{ME_m}{L_2\sqrt{R^2+\omega^2(L_1-M^2/L_2)^2}}\sin(\omega t - \varphi)$$

になる．$t = \infty$ の定常状態では

$$i_1 = \frac{E_m}{\sqrt{R^2+\omega^2(L_1-M^2/L_2)^2}}\sin(\omega t - \varphi)$$

$$i_2 = \frac{ME_m}{L_2\sqrt{R^2+\omega^2(L_1-M^2/L_2)^2}}\sin(\omega t - \varphi)$$

になる．これは

$$Ri_1 + j\omega L_1 i_1 - j\omega M i_2 = E_m\sin\omega t$$

に $j\omega M i_1 = j\omega L_2 i_2$ よりの $i_2 = Mi_1/L_2$ を代入して容易に求められる．

7 微分方程式の応用例題

【例題8】

図7・9のように，抵抗R，自己インダクタンスLなるコイルと並列に静電容量Cを接続し，抵抗rを通じて，これに交流電圧 $e = E_m \sin \omega t$ を加えたとき，t秒後にコイルに流れる電流をあらわす式を求めよ．

【解答】

コイルに流れる電流をi_1，Cに流れる電流をi_2とするとrの電流は $i = i_1 + i_2$ になり，次の微分方程式が成立する．

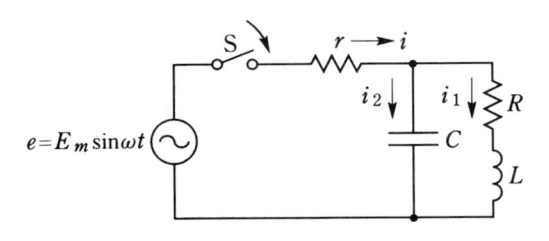

図7・9 交流回路の投入

$$r(i_1 + i_2) + R i_1 + L \frac{di_1}{dt} = E_m \sin \omega t \tag{i}$$

$$i_2 = \frac{dq}{dt} = C \frac{d}{dt}\left(R i_1 + L \frac{di_1}{dt}\right) = RC \frac{di_1}{dt} + LC \frac{d^2 i_1}{dt^2} \tag{ii}$$

(ii)式を(i)式に代入し，その両辺をrLCで除すると

$$\frac{d^2 i_1}{dt^2} + \left(\frac{L + RrC}{rLC}\right)\frac{di_1}{dt} + \left(\frac{R+r}{rLC}\right)i_1 = \frac{E_m}{rLC} \sin \omega t \tag{iii}$$

を得る．これは(3・18)式の場合になる．したがって，この解は(3・19)式で与えられるが，供給電圧が $m\cos\omega t$ でなく $m\sin\omega t$ の場合になる．本文の要領でこの場合を求める．

$y = Y + p\cos\omega x + q\sin\omega x$ とおくと

$$\frac{dy}{dx} = \frac{dY}{dx} - \omega p \sin\omega x + \omega q \cos\omega x$$

$$\frac{d^2 y}{dx^2} = \frac{d^2 Y}{dx^2} - \omega^2 p \cos\omega x - \omega^2 q \sin\omega x$$

これらを

$$\frac{d^2 y}{dx^2} + a\frac{dy}{dx} + by = m\sin\omega x \tag{7・1}$$

に代入すると

$$\frac{d^2 Y}{dx^2} + a\frac{dY}{dx} + bY + \{(b-\omega^2)p + a\omega q\}\cos\omega x + \{(b-\omega^2)q - a\omega p\}\sin\omega x$$
$$= m\sin\omega x$$

ここで $(b-\omega^2)p + a\omega q = 0,\ (b-\omega^2)q - a\omega p = m$ とし，

$$\therefore\quad p = -\frac{ma\omega}{(b-\omega^2)^2 + a^2\omega^2},\quad q = \frac{m(b-\omega^2)}{(b-\omega^2)^2 + a^2\omega^2}$$

とおくと上式は $\dfrac{d^2 Y}{dx^2} + a\dfrac{dY}{dx} + bY = 0$ となり，$Y = A\varepsilon^{\gamma x}$ とおくと

$$(\gamma^2 + a\gamma + b)A\varepsilon^{\gamma x} = 0$$

この γ の根を $\alpha,\ \beta$ とすると

$$\left.\begin{array}{c}\alpha\\\beta\end{array}\right\} = -\frac{1}{2a} \pm \sqrt{\frac{1}{4}a^2 - b}, \quad Y = A\varepsilon^{\alpha x} + B\varepsilon^{\beta x}$$

$$\therefore \quad y = A\varepsilon^{\alpha x} + B\varepsilon^{\beta x} + \frac{m}{(b-\omega^2)^2 + a^2\omega^2}\left\{(b-\omega^2)\sin\omega x - a\omega\cos\omega x\right\} \quad (7\cdot 2)$$

(iii)式を $(7\cdot 1)$ 式と比較すると,

$$a = \frac{L + RrC}{rLC}, \quad b = \frac{R+r}{rLC}, \quad m = \frac{E_m}{rLC}$$

に相当し, x は t に y は i_1 に対応するので

$$p = -\frac{\omega(L+RrC)E_m}{(R+r-\omega^2 LCr)^2 + \omega^2(L+RrC)^2}$$

$$q = \frac{(R+r-\omega^2 LCr)E_m}{(R+r-\omega^2 LCr)^2 + \omega^2(L+RrC)^2}$$

$$\left.\begin{array}{c}\alpha\\\beta\end{array}\right\} = -\frac{L+RrC}{2rLC} \pm \sqrt{\frac{1}{4}\left(\frac{L+RrC}{rLC}\right)^2 - \frac{(R+r)}{rLC}}$$

したがって i_1 は

$$i_1 = A\varepsilon^{\alpha t} + B\varepsilon^{\beta t} + \frac{E_m}{(R+r-\omega^2 LCr)^2 + \omega^2(L+RrC)^2}$$
$$\cdot\left\{(R+r-\omega^2 LCr)\sin\omega t - \omega(L+RrC)\cos\omega t\right\}$$

この右辺の{ }内を前例の場合と同様に $M\sin(\omega t - \varphi)$ とおくと

$$M\sin(\omega t - \varphi) = M\sin\omega t\cos\varphi - M\cos\omega t\sin\varphi$$

となり, 両者を比較すると

$$M\cos\varphi = R + r - \omega^2 LCr, \quad M\sin\varphi = \omega(L + RrC)$$

この両辺を 2 乗して加えて M を求めると

$$M = \sqrt{(R+r-\omega^2 LCr)^2 + \omega^2(L+RrC)^2}$$

また $\quad \tan\varphi = \dfrac{M\sin\varphi}{M\cos\varphi} = \dfrac{\omega(L+RrC)}{R+r-\omega^2 LCr}, \quad \varphi = \arctan\dfrac{\omega(L+RrC)}{R+r-\omega^2 LCr}$

$$\therefore \quad i_1 = A\varepsilon^{\alpha t} + B\varepsilon^{\beta t} + \frac{E_m}{\sqrt{(R+r-\omega^2 LCr)^2 + \omega^2(L+RrC)^2}}\sin(\omega t - \varphi)$$
$$= A\varepsilon^{\alpha t} + B\varepsilon^{\beta t} + I_1\sin(\omega t - \varphi)$$

次に A, B を初期条件を用いて定めるのに $t=0$ で $i_1 = 0$ および $q = 0$ を用いてもよいが, $L\dfrac{di_1}{dt} = 0$ を用いても同一の結果になる.

$$t = 0 \quad i_1 = 0 \quad A + B - I_1\sin\varphi = 0 \quad A + B = I_1\sin\varphi$$

$$t = 0 \quad L\dfrac{di_1}{dt} = 0 \quad \alpha A + \beta B + \omega I_1\cos\varphi = 0 \quad \alpha A + \beta B = -\omega I_1\cos\varphi$$

$$A = \frac{I_1(\beta \sin\varphi + \omega \cos\varphi)}{\beta - \alpha}, \quad B = \frac{I_1(\alpha \sin\varphi + \omega \cos\varphi)}{\alpha - \beta}$$

なお
$$i_2 = RC\frac{di_1}{dt} + LC\frac{d^2 i_1}{dt^2}$$

$$q = \int i_2 dt = RCi_1 + LC\frac{di_1}{dt}$$

$$= CA(R + \alpha L)\varepsilon^{\alpha t} + CB(R + \beta L)\varepsilon^{\beta t}$$
$$+ CI_1\{R\sin(\omega t - \varphi) + \omega L\cos(\omega t - \varphi)\}$$

になる. A, B の値を前の i_1 の式に用いると

$$\therefore i_1 = \frac{I_1}{\beta - \alpha}\{(\beta \sin\varphi + \omega\cos\varphi)\varepsilon^{\alpha t} - (\alpha\sin\varphi + \omega\cos\varphi)\varepsilon^{\beta t}\} + I_1\sin(\omega t - \varphi)$$

というようになる. なお, α, β の根の判別式 $D = 0$ となるとき, $D < 0$ となるときを (3・7) 式および (3・8) 式について研究し, i_1 をもとにして i_2, i を求めてみられよ.

ところで, 本問からも明らかなように, このような問題では与えられた微分方程式を斉次形, すなわち

$$\frac{d^2 i_1}{dt^2} + \left(\frac{L + RrC}{rLC}\right)\frac{di_1}{dt} + \left(\frac{R + r}{rLC}\right)i_1 = 0$$

として過渡項を求め, これに定常項を加えればよい. この定常項は, $z_1 = R + j\omega L$, $z_2 = -j\frac{1}{\omega C}$, $z_3 = r$ とすると, $R - L$ の電流 i_1 は

$$i_1 = \frac{E_m \sin\omega t}{\frac{z_1 z_2}{z_1 + z_2} + z_3} \times \frac{z_2}{z_1 + z_3} = \frac{E_m \sin\omega t}{z_1 + z_3 + \frac{z_3 z_1}{z_2}}$$

$$= \frac{E_m \sin\omega t}{R + r + j\omega L + \frac{r(R + j\omega L)}{-j\frac{1}{\omega C}}} = \frac{E_m \sin\omega t}{(R + r - \omega^2 LCr) + j\omega(L + RrC)}$$

$$= \frac{E_m}{\sqrt{(R + r - \omega^2 LCr)^2 + \omega^2(L + RrC)^2}} \sin(\omega t - \varphi)$$

ただし, $\varphi = \arctan\dfrac{\omega(L + RrC)}{R + r - \omega^2 LCr}$

となり, これを定常項として過渡項に加える.

【例題9】

図 7・10 の回路において最初 S_2 を閉じて S_1 を入れ電圧 E の直流電源に接続し, t_T 秒後に S_2 を開いたとき, $t < t_T$, $t = t_T$, $t > t_T$ における回路の電流 i を求めよ. ただし, R_1, R_2 を抵抗, L_1, L_2 は自己インダクタンスとする.

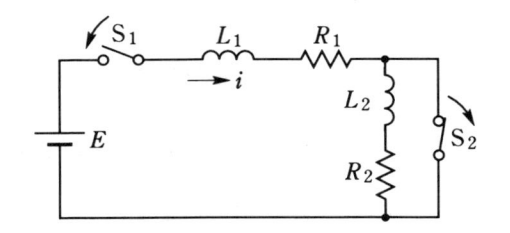

図 7・10 回路定数の変化〔Z を挿入〕

【解答】

(1) $t < t_T$ では，S_2によってL_2，R_2が短絡されているので，回路は，L_1，R_1から構成され，S_1を閉じた瞬間を $t = 0$ とすると，電流iは既に求めたように

$$i = \frac{E}{R_1}\left(1 - \varepsilon^{-\frac{R_1}{L_1}t}\right)$$

となる．

(2) $t = t_T$ では $i_T = \dfrac{E}{R_1}\left(1 - \varepsilon^{-\frac{R_1}{L_1}t_T}\right)$

(3) $t > t_T$ では，S_2を開いて $L_2 - R_2$ を回路に挿入するので，かりに $t = t_T$ を時間の起点 $t = 0$ にとると

$$(L_1 + L_2)\frac{di}{dt} + (R_1 + R_2)i = E$$

$$\frac{di}{dt} + \frac{R_1 + R_2}{L_1 + L_2}i = \frac{E}{L_1 + L_2}$$

と $(2 \cdot 1)$ 式の形になるので，その解は $(2 \cdot 2)$ 式によって与えられ

$$i = \varepsilon^{-\int \frac{R_1+R_2}{L_1+L_2}dt}\left\{\left(\frac{E}{L_1+L_2}\right)\varepsilon^{\int \frac{R_1+R_2}{L_1+L_2}dt}dt + k\right\}$$

$$= \varepsilon^{-\frac{R_1+R_2}{L_1+L_2}t}\left(\frac{E}{L_1+L_2} \cdot \frac{L_1+L_2}{R_1+R_2}\varepsilon^{\frac{R_1+R_2}{L_1+L_2}t} + k\right)$$

$$= \frac{E}{R_1 + R_2} + k\varepsilon^{-\frac{R_1+R_2}{L_1+L_2}t}$$

仮定によって $t = 0$, $i = i_T$ だから

$$\frac{E}{R_1}\left(1 - \varepsilon^{-\frac{R_1}{L_1}t_T}\right) = \frac{E}{R_1 + R_2} + k$$

$$k = \frac{E}{R_1}\left(1 - \varepsilon^{-\frac{R_1}{L_1}t_T}\right) - \frac{E}{R_1 + R_2}$$

このkの値を上式に代入するとともに一貫した時間は $t_T + t$ になることを考えると

$$i = \frac{E}{R_1+R_2} + \frac{E}{R_1}\left(1 - \varepsilon^{-\frac{R_1}{L_1}t_T}\right)\varepsilon^{-\frac{R_1+R_2}{L_1+L_2}(t_T+t)} - \frac{E}{R_1+R_2}\varepsilon^{-\frac{R_1+R_2}{L_1+L_2}(t_T+t)}$$

$$= \frac{E}{R_1+R_2}\left\{1 - \varepsilon^{-\frac{R_1+R_2}{L_1+L_2}(t_T+t)}\right\} + \frac{E}{R_1}\left(1 - \varepsilon^{-\frac{R_1}{L_1}t_T}\right)\varepsilon^{-\frac{R_1+R_2}{L_1+L_2}(t_T+t)}$$

というようになる．

【例題10】

図7・11のように二つの抵抗$2R$が直列に接続され交流電源 $e = E_m \sin\omega t$ に接続されている．いま，$t = 0$ でSを入れたときt秒後の各部の過渡電流を求めよ．ただし，Lは自己インダクタンス，rは抵抗とする．

7 微分方程式の応用例題

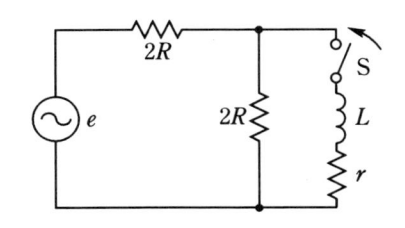

図7・11 回路定数の変化

【解答】

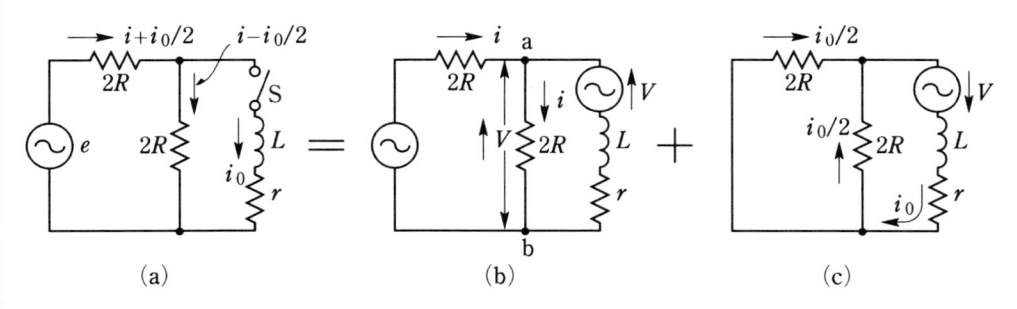

(a)　　　　(b)　　　　(c)

図7・12 電流分布の重ね合わせ

図7・12で示すように $t=0$ でスイッチSを入れた状態(a)図は(b)図と(c)図の重ね合わせとして考えられる．いま，Sを開いた状態でのab間の電圧をVとし，これをSの回路に(b)図のように挿入してa，bと結んでも二つのVが打消し合って，この分路には電流が流れない．すなわち，Sを入れない状態での電流分布になる．

次に(c)図のように前と反対方向にVをSの回路に挿入して電源をとり去り ―― その内部インピーダンスは残しておくのだが，この問題では内部インピーダンスは0と考えてよい ―― 電流分布を求める．この(b)と(c)を重ね合わすとにつのVは打消し合い電源電圧も挿入されて問題のSを閉じた(a)図の場合になる．

(b)図での回路の電流　　$i = \dfrac{E_m}{4R}\sin\omega t$

ab間の電圧　　　　　　$V = 2Ri = \dfrac{E_m}{2}\sin\omega t$

(c)図では抵抗が $\dfrac{2R}{2}+r = R+r$ であり，自己インダクタンスがLの回路に $V = \dfrac{E_m}{2}\sin\omega t$ が加えられるので，次の微分方程式が成立する．

$$L\frac{di_0}{dt}+(R+r)i_0 = \frac{E_m}{2}\sin\omega t, \quad \frac{di_0}{dt}+\frac{R+r}{L}i_0 = \frac{E_m}{2L}\sin\omega t$$

これも(2・1)式の形になるので，その解は(2・2)式によって与えられ

$$i_0 = \varepsilon^{-\int\frac{R+r}{L}dt}\left(\int\frac{E_m}{2L}\sin\omega t\,\varepsilon^{\int\frac{R+r}{L}dt}dt + k\right)$$

$$= \varepsilon^{-\frac{R+r}{L}t}\left\{\frac{E_m}{2L}\cdot\frac{\varepsilon^{\frac{R+r}{L}t}\left(\frac{R+r}{L}\sin\omega t - \omega\cos\omega t\right)}{\left(\frac{R+r}{L}\right)^2+\omega^2}+k\right\}$$

$$= \frac{E_m\{(R+r)\sin\omega t-\omega L\cos\omega t\}}{2\{(R+r)^2+\omega^2 L^2\}}+k\varepsilon^{-\frac{R+r}{L}t}$$

この右辺の分子の{ }内を $M\sin(\omega t - \varphi)$ とおくと，前に再々取扱ったように

$$M = \sqrt{(R+r)^2 + \omega^2 L^2}, \quad \varphi = \arctan\frac{\omega L}{R+r}$$

になるので，

$$i_0 = \frac{E_m \sin(\omega t - \varphi)}{2\sqrt{(R+r)^2 + \omega^2 L^2}} + k\varepsilon^{-\frac{R+r}{L}t}$$

ここで初期条件として $t=0$ で $i_0 = 0$ を用いて k を定めると，上式は

$$i_0 = \frac{E_m \sin(\omega t - \varphi)}{2\sqrt{(R+r)^2 + \omega^2 L^2}}\left(1 - \varepsilon^{-\frac{R+r}{L}t}\right)$$

(c)図から明らかなように，これはSの回路の電流で，この i_0 が各 $2R$ に $i_0/2$ ずつ分流するので(a)図に帰って

電源よりの電流

$$i + \frac{i_0}{2} = \frac{E_m}{4R}\sin\omega t + \frac{E_m \sin(\omega t - \varphi)}{4\sqrt{(R+r)^2 + \omega^2 L^2}}\left(1 - \varepsilon^{-\frac{R+r}{L}t}\right)$$

分路 $2R$ の電流

$$i - \frac{i_0}{2} = \frac{E_m}{4R}\sin\omega t - \frac{E_m \sin(\omega t - \varphi)}{4\sqrt{(R+r)^2 + \omega^2 L^2}}\left(1 - \varepsilon^{-\frac{R+r}{L}t}\right)$$

なお，回路の定数の一部を短絡した場合の過渡電流も，この方法を用いて求めることができる．

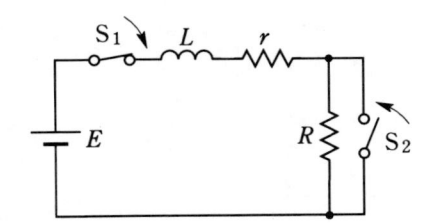

図7・13　回路定数の一部短絡

たとえば，図7・13のような回路で S_1 を入れて定常状態に達した後，S_2 を入れて抵抗 R を短絡した場合は前と同様な考え方で図7・14が得られるので，(b)図の S_2 を入れない場合，定常状態では回路の電流 i は

$$i = \frac{E}{R+r}, \quad \text{また} \quad V = Ri = \frac{RE}{R+r}$$

となり，(c)図では

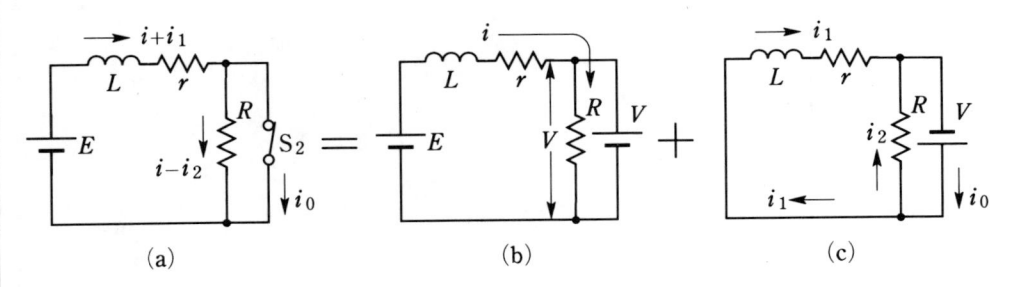

図7・14　電流分布の重ね合わせ

$$i_2 = \frac{V}{R} = \frac{E}{R+r}$$

$$i_1 = \frac{V}{r}\left(1 - \varepsilon^{-\frac{r}{L}t}\right) = \frac{RE}{r(R+r)}\left(1 - \varepsilon^{-\frac{r}{L}t}\right)$$

(b)図と(c)図を重ね合わせると(a)図になり，

電源よりの電流　　$i + i_1 = \dfrac{E}{R+r} + \dfrac{RE}{r(R+r)}\left(1 - \varepsilon^{-\frac{r}{L}t}\right)$

$$= \frac{E}{R+r}\left\{1 + \frac{R}{r}\left(1 - \varepsilon^{-\frac{r}{L}t}\right)\right\}$$

Rの電流　　$i - i_2 = \dfrac{E}{R+r} - \dfrac{E}{R+r} = 0$

S_2の電流　　$i_0 = i_1 + i_2 = \dfrac{E}{R+r}\left\{1 + \dfrac{R}{r}\left(1 - \varepsilon^{-\frac{r}{L}t}\right)\right\}$

というように求められる．

注： 各種の過渡現象の解析には奇手，妙手もあって興味深いものがあるが，ここでは微分方程式解法の応用として，初歩的なもののみについて述べた．以上でしばしば出題される過渡現象の問題が容易に解ける実力を得られたことと信ずるが，なお，演習問題についてマスタされるよう希望する．

8 微分方程式の要点

【1】常微分方程式とは

たとえば
$$a\frac{dy}{dx}+bx+cy=0$$
のように，一つの変数xとその関数 $y=f(x)$ およびその微分係数dy/dxからなる方程式をいい，その微分方程式を満足させる関数を求めることを「微分方程式を解く」と称し，求め得た関数をその微分方程式の解という —— 微分方程式を解くには一般に積分法を用いるので，それを解くことを積分する，解を積分ということもある ——．

これを幾何学的にいうと，常微分方程式によって平面上に無数の線素が与えられる．微分方程式を解くということは，これらの線素をつないで連続曲線を作ることで，そのような連続曲線は無数にあって，これが一般解である．そこで，その曲線はどの点を通らねばならないかの限定条件を与えるのが初期条件であって，かくて確定された一つの連続曲線が得られる．これが特殊解である．

【2】過渡現象と微分方程式

過渡現象の各瞬間に成立する事柄をもとにして微分方程式を作り，その特殊解を求めて，その現象が時間に対しどのように変化するかを定める．

その解析の手順は
(1) その現象を支配している法則にもとづいて，微分方程式を作る．
(2) これを解いて任意の定数（積分定数）を含んだ一般解を求める．
(3) この一般解に現象の事実に即して考えて，ある種の条件（初期条件）を与え特殊解を得る．

【3】微分方程式の種類

常微分方程式に含まれる微分係数の次数の最高のものをその方程式の階数といい，常微分方程式を有理整式の形にあらわしたとき，最高次の微分係数のべき数をその方程式の次数という．なお，未知関数およびその導関数について1次であるとき，これを線形微分方程式といい，そうでないものを非線形微分方程式と称する．なお，二つ以上の変数とそれらの関数およびそれらの偏微分係数からなる方程式を偏微分方程式という．

【4】1階線形常微分方程式の解

その形は一般に $\dfrac{dy}{dx}+Py=Q$ 〔$P\equiv P(x),\ Q\equiv Q(x)$〕

その解は
$$y = \varepsilon^{-\int Pdx}\left(\int Q\varepsilon^{\int Pdx}dx + k\right)$$

ベルヌーイの微分方程式
$$\frac{dy}{dx} + Py = Qy^n \quad \text{の解は}$$

$$y^{1-n} = (1-n)\varepsilon^{(n-1)\int Pdx}\left\{\int Q\varepsilon^{-(n-1)\int Pdx}dx + k\right\}$$

【5】変数分離形1階常微分方程式の解

$$f(x)dx \pm \varphi(y)dy = 0 \quad \text{の解} \quad \int f(x)dx \pm \int \varphi(y)dy = k$$

$$\frac{dy}{dx} = f(x)\cdot\varphi(y) \quad \text{の解} \quad \int \frac{1}{\varphi(y)}dy = \int f(x)dx + k$$

【6】同次形1階常微分方程式の解

(1) $\dfrac{dy}{dx} = f\left(\dfrac{y}{x}\right)$の解 $\quad \log x = \int \dfrac{1}{f(z)-z}dz + k \quad$ ただし $\quad z = \dfrac{y}{x}$

(2) $f(x, y)$と$F(x, y)$が同次の同次関数とすると

$$f(x, y)\frac{dy}{dx} = F(x, y) \text{の解} \quad \log x = \int \frac{f(z)}{F(z)-zf(z)}dz + k$$

ただし, $z = \dfrac{y}{x}$, $y = xz$

(3) $\dfrac{dy}{dx} = \dfrac{ax+by+c}{a'x+b'y+c'}$ の解は,$x = x'+h$, $y = y'+k$ とおいて,

$$\left.\begin{array}{l}ah+bk+c=0\\a'h+b'k+c'=0\end{array}\right\} \quad h = \frac{bc'-b'c}{ab'-a'b}, \quad k = \frac{ac'-a'c}{ab'-a'b}$$

とおくと(1)の形になる.

【7】完全微分方程式

P, Qがx, yの関数であって $\quad \partial P/\partial y = \partial Q/\partial x \quad$ が成立するとき

$$Pdx + Qdy = 0 \quad \text{または} \quad P + Q\frac{dy}{dx} = 0$$

を完全微分方程式といい,その解は

$$F(x, y) = \int Pdx + \varphi(y) = k$$

ただし, $\varphi(y) = \int\left\{Q - \dfrac{F(x, y)}{\partial y}\right\}dy$

$\partial P/\partial y \neq \partial Q/\partial x$ のときは,式の両辺に $x^m y^n$ を乗じて $\partial P/\partial y = \partial Q/\partial x$ になるようにmとnをえらぶ.なお,連立微分方程式, $F(x, y', z) = 0$, $\varphi(x, y, z') = $

8 微分方程式の要点

$= 0$ はそれぞれが単独には完全微分方程式でないので，適当な方法によって両式より z, z'を消去して $y = f(x), z = g(x)$ なる解を得るようにする．

【8】その他の1階常微分方程式の解

(1) クレーローの微分方程式，$p = \dfrac{dy}{dx}$ として

$y = px + f(p)$ の一般解 $y = kx + f(k)$

〃 の特異解 $x = -f'(p), \; y = -pf'(p) + f(p)$

(2) ラグランジュの微分方程式，$p = \dfrac{dy}{dx}$ として

$y = xf(p) + g(p)$ の一般解は，原式と $x = \varepsilon^{-F}\int Q\varepsilon^{F}dp + k\varepsilon^{F}$

よりpを消去して得られる．

ただし，$F = -\int \dfrac{f'(p)}{p - f(p)}dp, \quad Q = \dfrac{g'(p)}{p - f(p)}$

(3) リチカの微分方程式，P, Q, Rのすべてがxのみの関数のとき

$\dfrac{dy}{dx} = Py^2 + Qy + R$ の解は

yの一つの解y_1が分っていると $y = u + y_1$ とおくと

$\dfrac{du}{dx} = Pu^2 + (2y_1 P + Q)u$

となってベルヌーイの微分方程式に帰する．

【9】定係数の2階線形常微分方程式の解

電気回路の過渡現象の解析にしばしば用いられるのがこの場合である．

$\dfrac{d^2y}{dx^2} + a\dfrac{dy}{dx} + by = 0$ の解は，A, B を定数として

(1) $a^2 = 4b$ のとき，$y = (A + B)\varepsilon^{\lambda x}, \quad \lambda = -\dfrac{a}{2}$

(2) $a^2 > 4b$ のとき，$Y = A\varepsilon^{\alpha x} + B\varepsilon^{\beta x}$

ただし，$\left.\begin{array}{c}\alpha\\\beta\end{array}\right\} = -\dfrac{a}{2} \pm \dfrac{1}{2}\sqrt{a^2 - 4b}$

(3) $a^2 < 4b$ のとき，$y = \varepsilon^{\alpha x}(A\cos\beta x + jB\sin\beta x)$

【10】定係数の非斉次2階線形常微分方程式の解

$\dfrac{d^2y}{dx^2} + a\dfrac{dy}{dx} + by = Q$

の解は，A, B を定数として

(1) $Q = k$ のとき，$y = A\varepsilon^{\alpha x} + B\varepsilon^{\beta x} + \dfrac{k}{b}$

ただし，α, βは前項と同じ

(2) $Q = mx + c$ のとき，$y = A\varepsilon^{\alpha x} + B\varepsilon^{\beta x} + \left(\dfrac{m}{b}x + \dfrac{bc - am}{b^2}\right)$

(3) $Q = mx^2 + nx + c$ のとき，
$$y = A\varepsilon^{\alpha x} + B\varepsilon^{\beta x} + \left(\dfrac{m}{b}x^2 + \dfrac{bn - 2am}{b^2}x + \dfrac{b^2 c - 2bm - abn + 2a^2 m}{b^3}\right)$$

(4) $Q = m\varepsilon^{kx}$ のとき，$y = A\varepsilon^{\alpha x} + B\varepsilon^{\beta x} + \dfrac{m}{k^2 + ak + b}\varepsilon^{kx}$

(5) $Q = m\cos\omega x$ のとき，
$$y = A\varepsilon^{\alpha x} + B\varepsilon^{\beta x} + \dfrac{m}{(b - \omega^2)^2 + a^2\omega^2}\{(b - \omega^2)\cos\omega x + a\omega \sin\omega x\}$$

(6) $Q = f(x)$ のとき，
$$y = \dfrac{1}{\alpha - \beta}\varepsilon^{\alpha x}\int f(x)\varepsilon^{-\alpha x}dx + \dfrac{1}{\beta - \alpha}\varepsilon^{\beta x}\int f(x)\varepsilon^{-\beta x}dx + k_1\varepsilon^{\alpha x} + k_2\varepsilon^{\beta x}$$

(7) $\dfrac{d^2 y}{dx^2} = f(y)$ のとき，$\dfrac{dy}{dx} = p$ とおくと

$$\int p\,dp = \int f(y)dy + k \qquad \dfrac{dy}{dx} = F(y) + k \qquad \int \dfrac{1}{F(y) + k}dy = \int dx + k'$$

【11】n階常微分方程式の解

前項の2階の場合に準じて解くことができる．すなわちn階の斉次形の場合は $y = \varepsilon^{\alpha x}$ とおくと，特性方程式としてn次の代数方程式が得られ，その根を $\lambda_1, \lambda_2 \cdots\cdots \lambda_n$ とすると，その一般解は
$$y = A_1\varepsilon^{\lambda_1 x} + A_2\varepsilon^{\lambda_2 x} + \cdots\cdots + A_n\varepsilon^{\lambda_n x}$$
の形になり，$\varepsilon^{\alpha x}$のαが特性方程式の根に等しいときは$\varepsilon^{\alpha x}$を$x\varepsilon^{\alpha x}$とおき，さらにこれが重根のときは$x^2\varepsilon^{\alpha x}$とおく．非斉次形の場合も前項の要領で一般解が求められる．

【12】級数展開による微分方程式の解法

微分方程式の解が収束性の級数の形に展開されたものとし，これにその微分方程式のもつ条件を適用し級数各項の係数を算定して，その形をととのえる．

【13】逐次近似法による微分方程式の解法

これは例えば微分方程式の解の形に影響の小さい項をまず省略して近似解を作り，これを原方程式に入れてさらに精度の高い近似解を求めるというようにして，しだいに真の解に近づく方法である．

【14】微分方程式の数値解法と図式解法

本文では数値解法の一つとして"くりこみ法"を説明したが，これは初期条件を $x = x_0$ のとき $y = y_0$ としたときxの増分hに対するyの増分Δyを $\dfrac{dy}{dx} = f(x, y)$ として

8 微分方程式の要点

$$\Delta y_1 = f(x_0, y_0)h$$

$$\Delta y_2 = f\left(x_0 + \frac{h}{2}, y_0 + \frac{\Delta y_1}{2}\right)h$$

$$\Delta y_3 = f\left(x_0 + \frac{h}{2}, y_0 + \frac{\Delta y_2}{2}\right)h$$

$$\Delta y_4 = f(x_0 + h, y_0 + \Delta y_3)h$$

$$\Delta y = \frac{1}{6}(\Delta y_1 + 2\Delta y_2 + 2\Delta y_3 + \Delta y_4)$$

として求める．

また，図式解法の一つとして「等傾法」を説明したが，これは $dy/dx = f(x, y) = k$ として，k の各種の値に対する方向線素群を画いておいて，初期条件をもとにして $y = F(x)$ なる曲線を画く方法である．

9 微分方程式の演習問題

[1] 次の微分方程式の一般解を求めよ．

(1) $\dfrac{dy}{dx}+\dfrac{1}{x}y=x^2$

(2) $\dfrac{dy}{dx}-y\cot x=\sin x$

(3) $\dfrac{dy}{dx}+\dfrac{1}{x}y+\sin x=0$

(4) $x\dfrac{dy}{dx}-y=x\log x$

(5) $x\sqrt{1-y^2}\,dx+y\sqrt{1-x^2}\,dy=0$

(6) $x^2\dfrac{dy}{dx}+(1-2x)y=x^2$

(7) $x\sqrt{1+x^2}\,dy+\left(y\sqrt{1-x^2}-x\right)dx=0$

(8) $\dfrac{dx}{1-x}-\dfrac{dy}{1+y}=0$

(9) $(x+y+4)\dfrac{dy}{dx}=2(x+y)$

(10) $x^2\dfrac{dy}{dx}+y=1$

(11) $3\varepsilon^x\tan y\,dx+(1-\varepsilon^x)\sec^2 y\,dy=0$

(12) $(x^2-y^2)dx+2xy\,dy=0$

(13) $x^2y\,dx-(x^3+y^3)dy=0$

(14) $x\,dy-y\,dx-\sqrt{x^2+y^2}\,dx=0$

(15) $(3x-7t+7)\dfrac{dx}{dt}+(7x-3t+3)=0$

(16) $(3x+y+7)dx+(2x+5y+9)dy=0$

(17) $(3x^2+2y)dx+(2x-3y^2)dy=0$

(18) $(x^2-4xy+2y^2)dx+(y^2-4xy-2x^2)dy=0$

(19) $(2x^2y+4x^3-12xy^2+3y^2-x\varepsilon^y+\varepsilon^{2x})dx$
  $+(12x^2y+2xy^2+4x^3-4y^3+2y\varepsilon^{2x}-\varepsilon^y)dx=0$

(20) $a(x\,dy+2y\,dx)=xy\,dy$

(21) $2x\dfrac{dy}{dx}=5x^2y^3\dfrac{dy}{dx}+y$

(22) $5x-4y^{-4}+(4x^2y^{-1}+5x^{-3})\dfrac{dy}{dx}=0$

(23) $y\,dx+(1+x^2)(\tan^{-1}x+y^2)dy=0$

(24) $y=2x\dfrac{dy}{dx}+\left(\dfrac{dy}{dx}\right)^2 y$

(25) $\left(y-x\dfrac{dy}{dx}\right)^2=a^2\left(\dfrac{dy}{dx}\right)^2+b^2$

(26) $y=x\dfrac{dy}{dx}-\left(\dfrac{dy}{dx}\right)^3$

(27) $2y=x\dfrac{dy}{dx}-\dfrac{1}{\sqrt{y}}\left(\dfrac{dy}{dx}\right)^2$

(28) $\dfrac{d^2y}{dx^2} - m^2 y = 0$

(29) $\dfrac{d^2y}{dx^2} + 3\dfrac{dy}{dx} - 54y = 0$

(30) $\dfrac{d^2y}{dx^2} - 4\dfrac{dy}{dx} - 21y = 0$

(31) $\dfrac{d^2y}{dx^2} + 8\dfrac{dy}{dx} + 16y = 0$

(32) $\dfrac{d^2y}{dx^2} - 6\dfrac{dy}{dx} + 9y = 0$

(33) $\dfrac{d^2y}{dx^2} + 9y = 0$

(34) $\dfrac{d^2y}{dx^2} - 4\dfrac{dy}{dx} + 13 = 0$

(35) $\dfrac{d^2y}{dx^2} + \dfrac{dy}{dx} - 2y = 6$

(36) $\dfrac{d^2y}{dx^2} - 6\dfrac{dy}{dx} + 5y = x^2$

(37) $\dfrac{d^2y}{dx^2} - 9y = 2 - 9x^2$

(38) $\dfrac{d^2y}{dx^2} - 3\dfrac{dy}{dx} + 2y = x^2$

(39) $\dfrac{d^2y}{dx^2} - 4\dfrac{dy}{dx} + 3y = \varepsilon^{4x}$

(40) $\dfrac{d^2y}{dx^2} + 5\dfrac{dy}{dx} - 14y = 2\varepsilon^{3x}$

(41) $\dfrac{d^2y}{dx^2} - 4\dfrac{dy}{dx} - 5y = 3\varepsilon^{\frac{1}{2}x}$

(42) $\dfrac{d^2y}{dx^2} + \dfrac{dy}{dx} - 6y = 3\varepsilon^{2x}$

(43) $\dfrac{d^2y}{dx^2} - 2\dfrac{dy}{dx} - 15y = \varepsilon^{5x}$

(44) $\dfrac{d^2y}{dx^2} - 6\dfrac{dy}{dx} + 9y = 5\varepsilon^{3x}$

(45) $\dfrac{d^2y}{dx^2} - 8\dfrac{dy}{dx} + 16y = 5\varepsilon^{4x}$

(46) $\dfrac{d^2y}{dx^2} - y = \sin x$

(47) $\dfrac{d^2y}{dx^2} + 4y = \cos x$

(48) $\dfrac{d^2y}{dx^2} + 4y = \cos 2x$

(49) $\dfrac{d^2y}{dx^2} + y = 0$

(50) $\dfrac{d^2y}{dx^2} + a^2 y = 0$

(51) $\dfrac{d^4y}{dx^4} - \dfrac{d^3y}{dx^3} - 9\dfrac{d^2y}{dx^2} - 11\dfrac{dy}{dx} - 4y = 0$

(52) $\dfrac{d^4y}{dx^4} - 4\dfrac{d^3y}{dx^3} + 8\dfrac{d^2y}{dx^2} - 8\dfrac{dy}{dx} + 4y = 0$

(53) $\dfrac{d^3y}{dx^3} + y = \sin 3x - \cos^2 \dfrac{x}{2}$

(54) $\dfrac{d^3y}{dx^3} - y = (\varepsilon^x + 1)^2$

(55) $\dfrac{d^3y}{dx^3} - 3\dfrac{d^2y}{dx^2} + 3\dfrac{dy}{dx} - y = x\varepsilon^x + x$

(56) $\dfrac{d^4y}{dx^4} - y = x^2 + 1$

(57) $\dfrac{d^4y}{dx^4} - m^4 y = nx^2$

(58) $\dfrac{d^4y}{dx^4} - m^4 y = A\varepsilon^{\alpha x} + B\varepsilon^{\beta x}$

9 微分方程式の演習問題

[2] 次の微分方程式を級数展開によって解け．

(59) $\dfrac{d^2y}{dx^2} = xy$ ただし $x = 0$ で $y = 0,\ \dfrac{dy}{dx} = 1$ とする．

(60) $\dfrac{d^2y}{dx^2} = x^2 y$ （同上） (61) $\dfrac{d^2y}{dx^2} = xy^2$

(62) $\dfrac{d^2y}{dx^2} + \sin x \dfrac{dy}{dx} + y\cos x = 0$ (63) $x^2\dfrac{d^2y}{dx^2} + x\dfrac{dy}{dx} + (x^2 - m^2)y = 0$

(64) $(2x^2+1)\dfrac{d^2y}{dx^2} + x\dfrac{dy}{dx} + 2y = 0$ (65) $2x^2\dfrac{d^2y}{dx^2} - x\dfrac{dy}{dx} + (1-x^2)y = x^2$

[3] 逐次近似法を用いて次の微分方程式を解け．

(66) $\dfrac{d^2y}{dx^2} + \dfrac{dy}{dx} + \dfrac{y}{100}\cos x = \sin x$ ただし $x = 0$ で $y = 0,\ \dfrac{dy}{dx} = 1$ とする．

(67) $\dfrac{d^2y}{dx^2} = -k^2 y \sqrt{1 - \left(\dfrac{dy}{dx}\right)^2}$ $x = 0,\ y = a,\ \dfrac{dy}{dx} = 0$ とする．

(68) $\dfrac{d^3y}{dx^3} + ky = x$ k は小にして $x = 0$ のとき $y = 1,\ \dfrac{dy}{dx} = 0,\ \dfrac{d^2y}{dx^2} = 0$ とする．

[4] くりこみ法を用いて次の微分方程式の数値を計算せよ．

(69) $\dfrac{dy}{dx} = \dfrac{xy}{x+y}$ $x = 0$ のとき $y = 1$ として $x = 0.3$ における y の値を求めよ．

(70) $\dfrac{dy}{dx} = \log_{10}(x+y)$ $x = 0$ のとき $y = 1$ として $x = 0.5$ における y の値を求めよ．

(71) $\dfrac{dx}{dt} = (x+y)t,\ \dfrac{dy}{dt} = (x-t)y$ において $t = 0$ のとき $x = 0,\ y = 1$ として $t = 0.2$ での x, y の値を求めよ．

(72) $\dfrac{d^2y}{dx^2} = x^2 + y^2 + \dfrac{dy}{dx}$ $x = 0$ のとき $y = 0,\ \dfrac{dy}{dx} = 1$ として $x = 0.2,\ 0.4$ における y の値を求めよ．

[5] 等傾法を用いて次の微分方程式をグラフに描け．

(73) $\dfrac{dy}{dx} = \log(x+y+1)$ $x = 0$ のとき $y = \dfrac{1}{\varepsilon} - 1$

(74) $\dfrac{d^2y}{dx^2} = \left(\dfrac{dy}{dx}\right)^2 + y\sin\theta$ $x = 0$ のとき $y = 1,\ \dfrac{dy}{dx} = 1$

(75) $\dfrac{d^2y}{dx^2}=20-2y-5\sin 3x\dfrac{dy}{dx}$　$x=0$ のとき　$y=5,\ \dfrac{dy}{dx}=0$

(76) $\dfrac{d^2y}{dx^2}=(0.04-x^2)y$　$x=0$ のとき　$y=1,\ \dfrac{dy}{dx}=0$ とし，曲線を画いて $x=2$ における y の値を求めよ．

演習問題の答

(1) $\dfrac{1}{4}x^3+\dfrac{1}{x}k$　　(2) $x\sin x+k\sin x$　　(3) $\cos x-\dfrac{\sin x}{x}+\dfrac{1}{x}k$

(4) $\dfrac{x}{2}\{(\log x)^2+k\}$　　(5) $-\sqrt{1-x^2}-\sqrt{1-y^2}+k$　　(6) $x^2+kx^2\varepsilon^{\frac{1}{x}}$

(7) $\dfrac{\sqrt{1+x^2}}{x}+k\dfrac{1}{x}$　　(8) $(1+y)(1-x)=k$　　(9) $y=-8\log(4-x-y)+k$

(10) $y=k\varepsilon^{\frac{1}{x}}+1$　　(11) $\tan y=k(1-\varepsilon^x)^3$　　(12) $x^2+y^2=kx$

(13) $y=k\varepsilon^{\frac{x^3}{3y^3}}$　　(14) $1+2ky-k^2x^2=0$　　(15) $(t-x+1)^2(t+x-1)^5=k$

(16) $\log(x+2)=-\dfrac{1}{2}\log\left\{3+3\left(\dfrac{y+1}{x+2}\right)+5\left(\dfrac{y+1}{x+1}\right)^2\right\}-\dfrac{1}{\sqrt{51}}\tan^{-1}\dfrac{16+3x+10y}{(x+2)\sqrt{51}}+k$

(17) $x^3+2xy-y^3=k$　　(18) $x^3-6x^2y-6xy^2+y^3=k$

(19) $x^2y^2+4x^3y-4xy^3+y^3-x\varepsilon^y+\varepsilon^{2x}y+x^4=k$

(20) $2a\log x+a\log y-y=k$　　(21) $xy^5-y^2=k$　　(22) $x^5y^4-x^4+y^5=k$

(23) $y\tan^{-1}x+\dfrac{y^3}{3}=k$　（積分因数は $1/(1+x^2)$ である）　　(24) $y^2=kx+\dfrac{h^2}{4}$

(25) $(y-kx)^2=a^2k^2+b^2$　　(26) $y=kx-k^3$　　(27) $\sqrt{y}=kx-2k^2$

(28) $y=A\varepsilon^{mx}+B\varepsilon^{-mx}$　　(29) $y=A\varepsilon^{6x}+B\varepsilon^{-9x}$　　(30) $y=A\varepsilon^{-3x}+B\varepsilon^{7x}$

(31) $y=(A+Bx)\varepsilon^{-4x}$　　(32) $y=(A+Bx)\varepsilon^{3x}$　　(33) $y=A\cos 3x+B\sin 3x$

(34) $y=\varepsilon^{2x}(A\cos 3x+B\sin 3x)$　　(35) $y=A\varepsilon^{-2x}+B\varepsilon^x-3$

(36) $y=A\varepsilon^x+B\varepsilon^{5x}+\dfrac{1}{125}(25x^2+60x+62)$　　(37) $y=A\varepsilon^{-3x}+B\varepsilon^{3x}+x^2$

(38) $y = A\varepsilon^x + B\varepsilon^{2x} + \dfrac{1}{4}(2x^2 + 6x + 7)$ (39) $y = A\varepsilon^x + B\varepsilon^{3x} + \dfrac{1}{3}\varepsilon^{4x}$

(40) $y = A\varepsilon^{-7x} + B\varepsilon^{2x} + \dfrac{1}{5}\varepsilon^{3x}$ (41) $y = A\varepsilon^{-x} + B\varepsilon^{5x} - \dfrac{4}{9}\varepsilon^{\frac{1}{2}x}$

(42) $y = A\varepsilon^{-3x} + B\varepsilon^{2x} + \dfrac{3}{5}x\varepsilon^{2x}$ (43) $y = A\varepsilon^{-3x} + B\varepsilon^{5x} + \dfrac{1}{8}x\varepsilon^{5x}$

(44) $y = \left(A + Bx + \dfrac{5}{2}x^2\right)\varepsilon^{3x}$ (45) $y = \left(A + Bx + \dfrac{5}{2}x^2\right)\varepsilon^{4x}$

(46) $y = A\varepsilon^{-x} + B\varepsilon^x - \dfrac{1}{2}\sin x$ (47) $y = A_1\cos 2x + B_1\cos 2x + \dfrac{1}{3}\cos x$

(48) $y = A_1\cos 2x + B_1\sin 2x + \dfrac{1}{4}x\sin 2x$ (49) $y = A\sin 2x + B\cos 2x$

(50) $y = A\cos ax + B\sin ax$ (51) $y = \varepsilon^{-x}(A + Bx + Cx^2) + D\varepsilon^{4x}$

(52) $y = \varepsilon^x(A + Bx)\sin x + \varepsilon^x(C + Dx)\cos x$

(53) $y = A\varepsilon^{-x} + \varepsilon^{\frac{x}{2}}\left(C\cos\dfrac{\sqrt{3}}{2}x + D\sin\dfrac{\sqrt{3}}{2}x\right)$

(54) $y = A\varepsilon^x + \varepsilon^{-\frac{x}{2}}\left(B\cos\dfrac{\sqrt{3}}{2}x + D\sin\dfrac{\sqrt{3}}{2}x\right) + \dfrac{1}{7}\varepsilon^{2x} + \dfrac{2}{3}x\varepsilon^x - 1$

(55) $y = \varepsilon^x(A + Bx + Cx^2) + \dfrac{1}{24}x^4\varepsilon^x - x - 3$

(56) $y = A\varepsilon^x + B\varepsilon^{-x} + C\cos x + D\sin x - x^2 - 1$

(57) $y = -\dfrac{n}{m^4}x^2 + A\sin mx + B\cos mx + C\sinh mx + D\cosh mx$

(58) $y = \dfrac{A}{\alpha^4 - m^4}\varepsilon^{\alpha x} + \dfrac{B}{\beta^4 - m^4}\varepsilon^{\beta x} + C\sin mx + D\cos mx + E\sinh mx + F\cosh mx$

(59) $y = x + \dfrac{2}{4!}x^4 + \dfrac{10}{7!}x^7 + \dfrac{80}{10!}x^{10} + \cdots$ (60) $y = x + \dfrac{x^5}{4\cdot 5} + \dfrac{x^9}{9\cdot 8\cdot 5\cdot 4} + \cdots$

(61) $y = a_0 + a_1 x + \dfrac{a_0}{6}x^3 + \dfrac{a_0 a_1}{6}x^4 + \dfrac{a_1^2}{20}x^5 + \cdots$

(62) $y = a_0 + a_1 x - \dfrac{a_0}{2}x^2 - \dfrac{a_1}{3}x^3 + \dfrac{a_0}{6}x^4 + \dfrac{a_1}{10}x^5 + \cdots$

(63) これは有名なベッセル（Bessel）の方程式である．

$$y = Ax^m\left\{1 - \dfrac{x^2}{(m+2)^2 - m^2} + \dfrac{x^4}{\{(m+2)^2 - m^2\}\{(m+4)^2 - m^2\}} - \cdots\right\}$$

$$+ Bx^{-m}\left\{1 - \frac{x^2}{(-m+2)^2 - m^2} + \frac{x^4}{\{(-m+2)^2 - m^2\}\{(-m+4)^2 - m^2\}} - \cdots\cdots\right\}$$

(64) $\quad y = A\left(1 - \frac{2}{2!}x^2 + \frac{2(2\cdot 1\cdot 2 + 4)}{4!}x^4 - \frac{2(2\cdot 1\cdot 2 + 4)(2\cdot 3\cdot 4 + 6)}{6!}x^5 + \cdots\right)$

$\qquad + B\left(x - \frac{3}{3!}x^3 + \frac{3(2\cdot 2\cdot 3 + 5)}{5!}x^5 - \frac{3(2\cdot 2\cdot 3 + 5)(2\cdot 4\cdot 5 + 7)}{7!}x^7 + \cdots\right)$

(65) $\quad y = Ax\left(1 + \frac{x^2}{2\cdot 5} + \frac{x^4}{2\cdot 4\cdot 5\cdot 9} + \frac{x^6}{2\cdot 4\cdot 6\cdot 5\cdot 9\cdot 13} + \cdots\cdots\right)$

$\qquad + Bx^{\frac{1}{2}}\left(1 + \frac{x^2}{2\cdot 3} + \frac{x^4}{2\cdot 4\cdot 3\cdot 7} + \frac{x^6}{2\cdot 4\cdot 6\cdot 3\cdot 7\cdot 11} + \cdots\cdots\right)$

$\qquad + \frac{x^2}{1\cdot 3} + \frac{x^4}{1\cdot 3\cdot 3\cdot 7} + \frac{x^6}{1\cdot 3\cdot 5\cdot 3\cdot 7\cdot 11} + \cdots\cdots$

(66) $\quad y = -\frac{1}{2}(\sin x + \cos x) + \frac{1}{200}(\cos x - \sin x)$

$\qquad + \frac{x + \varepsilon^{-x}(\cos x - \sin x)}{400} - \frac{3\cos 2x + \sin 2x}{4000}$

(67) $\quad y = a\cos kx + \frac{k^2 a^3}{18}(2 - 3\cos kx + \cos^3 kx)$

$\qquad + \frac{1}{600}k^4 a^5(8 - 15kx + 10\cos^3 kx - 3\cos^5 kx)$

(68) $\quad y = 1 + \frac{x^4}{24} - \frac{kx^3}{6} - \frac{kx^7}{71} + \cdots$ 　　(69) 1.03777　　(70) 1.04965

(71) $x = 0.02$, $y = 0.9818$　　(72) 0.2217, 0.4971　　(73) 直線

(74) x の $10°$, $20°$, $30°$ での y の値 1.2, 1.42, 1.72

(75) x の $0°$, $10°$, $20°$, $30°$, $40°$ での y の値 5, 5.1, 5.6, 6.1, 6.3

(76) 0.0440

索引

英字
2階線形常微分方程式	24

カ行
階数	3
完全微分方程式	14, 16, 17, 18
クレーロの方程式	20

サ行
次数	3
初期条件	2
常微分方程式	3
図式解法	46
数値解法	46
斉次形	24
積分因数	5, 16
積分曲線	49
線形微分方程式	3
線素	3
全微分	15

タ行
逐次近似法	45
定係数線形微分方程式	24
等傾線	49
同次微分方程式	11
特異解	21
特性方程式	25, 37, 40, 44

ハ行
非斉次形	24
非線形	3
非線形微分方程式	3
微分方程式	1
微分方程式の一般解	2
微分方程式の特殊解	2
ベルヌーイの方程式	7

ハ行 (続)
偏微分方程式	3
変数分離形	9
方向線素群	49

ラ行
ラグランジュの方程式	21
リチカの方程式	21
ルジャンドルの方程式	43
連立微分方程式	17

d - book
常微分方程式と過渡現象の解析

2000年8月20日　第1版第1刷発行

著　者　田中久四郎
発行者　田中久米四郎
発行所　株式会社電気書院
　　　　東京都渋谷区富ケ谷二丁目2-17
　　　　（〒151-0063）
　　　　電話03-3481-5101（代表）
　　　　FAX03-3481-5414
制　作　久美株式会社
　　　　京都市中京区新町通り錦小路上ル
　　　　（〒604-8214）
　　　　電話075-251-7121（代表）
　　　　FAX075-251-7133

印刷所　創栄印刷株式会社
ⓒ2000HisasiroTanaka　　　　　　　Printed in Japan
ISBN4-485-42928-8　　[乱丁・落丁本はお取り替えいたします]

〈日本複写権センター非委託出版物〉

　本書の無断複写は，著作権法上での例外を除き，禁じられています．
　本書は，日本複写権センターへ複写権の委託をしておりません．
　本書を複写される場合は，すでに日本複写権センターと包括契約をされている方も，電気書院京都支社（075-221-7881）複写係へご連絡いただき，当社の許諾を得て下さい．